计算机基础实践教程

主　编　陈　红　　胡小春
　　　　周明睿　　张　帆
副主编　周岸辉　　栾　岚
　　　　李唯昕

北京理工大学出版社
BEIJING INSTITUTE OF TECHNOLOGY PRESS

内容简介

本书内容共7章，合计23个实验。7章分别是计算机基础知识、操作系统、计算机网络与Internet、文档处理软件——Word 2016、表格处理软件——Excel 2016、演示文稿制作软件——PowerPoint 2016、计算机多媒体技术。实验内容分别是键盘指法与字符输入、计算机硬件基础、Windows 10 基本操作、Windows 10 其他常用操作、IP设置及网络测试、浏览器使用及设置、WWW冲浪和信息搜索、收发电子邮件、文件的上传与下载、文档基本编辑、设置文档格式、图文混排、编辑表格、工作表的编辑与格式化、工作表中数据的计算、数据图表、数据管理、演示文稿的基本操作、演示文稿的效果制作、演示文稿的综合应用、音频文件的编辑与转换、特效文字和图像制作、数字视频处理。

本书可作为本科院校（含独立学院）的公共基础课配套实验教材，也可供成人教育和高职高专院校使用，还可作为广大青年朋友学习的参考用书。

图书在版编目（CIP）数据

计算机基础实践教程／陈红等主编. －－北京：北京理工大学出版社，2022.7

ISBN 978-7-5763-1491-5

Ⅰ.①计…　Ⅱ.①陈…　Ⅲ.①电子计算机-高等学校-教材　Ⅳ.①TP3

中国版本图书馆 CIP 数据核字（2022）第 122951 号

出版发行／北京理工大学出版社有限责任公司

社　　址／北京市海淀区中关村南大街5号

邮　　编／100081

电　　话／（010）68914775（总编室）

　　　　　（010）82562903（教材售后服务热线）

　　　　　（010）68944723（其他图书服务热线）

网　　址／http://www.bitpress.com.cn

经　　销／全国各地新华书店

印　　刷／三河市天利华印刷装订有限公司

开　　本／787 毫米×1092 毫米　1/16

印　　张／11　　　　　　　　　　　　　　责任编辑／李　薇

字　　数／246 千字　　　　　　　　　　　　文案编辑／李　硕

版　　次／2022 年 7 月第 1 版　2022 年 7 月第 1 次印刷　　责任校对／刘亚男

定　　价／68.00 元　　　　　　　　　　　　责任印制／李志强

前　言

随着互联网应用的普及与计算机科学技术的迅猛发展，计算机和网络已经广泛地应用于各个领域，和人们的工作、生活、娱乐息息相关。掌握计算机的基础知识及其操作技能显得尤为重要。"计算机基础"课程是高等院校各个专业学生的必修课程，应注重培养学生具备一定的计算机基础理论知识和实践操作技能。

本书是《计算机基础》（9787568298605）配套使用的实验教材，针对非计算机专业学生的特点，由具备多年教学和实践经验的一线教师编写。全书系统地、有步骤地指导学生掌握实践操作技能，提高应用计算机的能力。

本书共分为 7 章，每章均以知识点为基本划分，设计了若干个实验。每个实验均采用任务驱动的模式，结合较详细的实验步骤讲解和图解，指导学生完成实验任务并掌握基本的操作。每个实验后均有实验体验，学生可以举一反三，达到对所学知识的深入理解。每章配备有相当数量的自测题，供学生课后练习，以巩固所学知识。

本书包括 23 个实验，其中：

第一章有 2 个实验，通过计算机硬件基础实验，初步了解微型计算机的组成、硬件组装的全过程；通过键盘指法与字符输入实验，教大家如何做到正确的键盘指法以及中/英文的输入。

第二章有 2 个实验，通过 Windows 10 基本操作实验，掌握 Windows 10 的启动、关闭，学会文件夹的常用操作；通过 Windows 10 其他常用操作实验，掌握控制面板的基本操作。

第三章有 5 个实验，通过 IP 设置及网络测试实验，掌握 TCP/IP 参数配置，使用指令进行网络测试连接；通过浏览器使用及设置、WWW 冲浪和信息搜索实验，熟练掌握上网以及准确获取信息的基本操作技能；通过收发电子邮件实验，熟练掌握设置邮箱和收发电子邮件的方法；通过文件的上传与下载实验，掌握从互联网中上传或下载资源的技能。

第四章有 4 个实验，通过文档基本编辑、设置文档格式实验，掌握创建 Word 文档，并在文档中编辑文字、设置文字及段落格式的方法；通过图文混排实验，基本掌握图文混排的方法；通过编辑表格实验，熟练掌握表格制作与美化的基本操作。

第五章有 4 个实验，通过工作表的编辑与格式化实验，掌握数据的输入、工作表中数据的编辑与修改、工作表格式的设置等操作；通过工作表中数据的计算实验，掌握利用函数和公式进行统计计算、条件格式的使用等操作；通过数据图表实验，掌握图表的创建、图表的格式化等操作；通过数据管理实验，掌握数据排序、筛选和分类汇总等操作。

第六章有 3 个实验，通过演示文稿的基本操作实验，初步了解在幻灯片中插入图片、表格、图表、声音和视频的方法；通过演示文稿的效果制作实验，掌握设置幻灯片动画效果、幻灯片切换等操作；通过演示文稿的综合应用实验，掌握背景音乐插入、图表的添加创建等操作。

第七章有 3 个实验，通过音频文件的编辑与转换实验，了解音频处理软件 Adobe Audition 的使用方法；通过特效文字和图像制作实验，了解 Adobe Photoshop 的文字、图形和图像的基本操作；通过数字视频处理实验，了解使用 Adobe Poremiere Pro 的基本操作。

本书由陈红、胡小春、周明睿、张帆主编，陈红、张帆负责全书的策划、统稿工作。具体编写分工如下：第一、三章由周明睿编写，第二、七章由李唯昕编写，第四、五、六章由陈红编写，胡小春、周岸辉协助筛选材料，栾岚协助编写部分实验内容并参与全书校对。

本书在编写和出版过程中，得到了各级领导和北京理工大学出版社的大力支持，在此表示衷心的感谢！由于编者水平所限，书中难免存在一些疏漏，恳请读者批评指正。

为了便于教学，我们为选用本教材的任课教师免费提供实验素材和自测题参考答案。请登录北京理工大学出版社网站免费下载或通过电子邮件（fofochen@ 163. com）与我们联系。

编　者

目　　录

第一章　计算机基础知识 ·· 1

实验一　键盘指法与字符输入 ·· 2
一、实验案例 ··· 2
二、实验指导 ··· 2
三、实验体验 ··· 7
四、实验心得 ··· 7
实验二　计算机硬件基础 ··· 8
一、实验案例 ··· 8
二、实验指导 ··· 8
三、实验体验 ··· 16
四、实验心得 ··· 16
自测题 ·· 17

第二章　操作系统 ·· 21

实验一　Windows 10 基本操作 ··· 22
一、实验案例 ··· 22
二、实验指导 ··· 23
三、实验体验 ··· 30
四、实验心得 ··· 30
实验二　Windows 10 其他常用操作 ·· 31
一、实验案例 ··· 31
二、实验指导 ··· 33
三、实验体验 ··· 36
四、实验心得 ··· 37
自测题 ·· 38

第三章　计算机网络与 Internet ··· 41

实验一　IP 设置及网络测试 ·· 42
一、实验案例 ··· 42

二、实验指导 ·· 42

三、实验体验 ·· 45

四、实验心得 ·· 46

实验二 浏览器使用及设置 ·· 47

一、实验案例 ·· 47

二、实验指导 ·· 47

三、实验体验 ·· 49

四、实验心得 ·· 49

实验三 WWW 冲浪和信息搜索 ·· 50

一、实验案例 ·· 50

二、实验指导 ·· 50

三、实验体验 ·· 53

四、实验心得 ·· 53

实验四 收发电子邮件 ·· 54

一、实验案例 ·· 54

二、实验指导 ·· 54

三、实验体验 ·· 55

四、实验心得 ·· 55

实验五 文件的上传与下载 ·· 56

一、实验案例 ·· 56

二、实验指导 ·· 56

三、实验体验 ·· 58

四、实验心得 ·· 58

自测题 ·· 59

第四章 文档处理软件——Word 2016 ···································· 63

实验一 文档基本编辑 ·· 64

一、实验案例 ·· 64

二、实验指导 ·· 64

三、实验体验 ·· 66

四、实验心得 ·· 66

实验二 设置文档格式 ·· 67

一、实验案例 ·· 67

二、实验指导 ·· 67

三、实验体验 ·· 73

四、实验心得 ·· 73

实验三 图文混排 ·· 74

一、实验案例 ……………………………………………………………… 74

二、实验指导 ……………………………………………………………… 75

三、实验体验 ……………………………………………………………… 78

四、实验心得 ……………………………………………………………… 79

实验四 编辑表格 ……………………………………………………………… 80

一、实验案例 ……………………………………………………………… 80

二、实验指导 ……………………………………………………………… 80

三、实验体验 ……………………………………………………………… 85

四、实验心得 ……………………………………………………………… 85

自测题 ……………………………………………………………………… 86

第五章 表格处理软件——Excel 2016 …………………………………… 89

实验一 工作表的编辑与格式化 ……………………………………… 90

一、实验案例 ……………………………………………………………… 90

二、实验指导 ……………………………………………………………… 90

三、实验体验 ……………………………………………………………… 94

四、实验心得 ……………………………………………………………… 95

实验二 工作表中数据的计算 ………………………………………… 96

一、实验案例 ……………………………………………………………… 96

二、实验指导 ……………………………………………………………… 96

三、实验体验 ……………………………………………………………… 101

四、实验心得 ……………………………………………………………… 101

实验三 数据图表 ……………………………………………………… 102

一、实验案例 ……………………………………………………………… 102

二、实验指导 ……………………………………………………………… 102

三、实验体验 ……………………………………………………………… 107

四、实验心得 ……………………………………………………………… 108

实验四 数据管理 ……………………………………………………… 109

一、实验案例 ……………………………………………………………… 109

二、实验指导 ……………………………………………………………… 109

三、实验体验 ……………………………………………………………… 114

四、实验心得 ……………………………………………………………… 115

自测题 ……………………………………………………………………… 116

第六章 演示文稿制作软件——PowerPoint 2016 ……………………… 119

实验一 演示文稿的基本操作 ………………………………………… 120

一、实验案例 ……………………………………………………………… 120

　　二、实验指导 ………………………………………………………………… 120

　　三、实验体验 ………………………………………………………………… 124

　　四、实验心得 ………………………………………………………………… 124

实验二　演示文稿的效果制作 ………………………………………………… 125

　　一、实验案例 ………………………………………………………………… 125

　　二、实验指导 ………………………………………………………………… 125

　　三、实验体验 ………………………………………………………………… 129

　　四、实验心得 ………………………………………………………………… 129

实验三　演示文稿的综合应用 ………………………………………………… 130

　　一、实验案例 ………………………………………………………………… 130

　　二、实验指导 ………………………………………………………………… 130

　　三、实验体验 ………………………………………………………………… 134

　　四、实验心得 ………………………………………………………………… 134

　　自测题 ……………………………………………………………………… 135

第七章　计算机多媒体技术 …………………………………………………… 139

实验一　音频文件的编辑与转换 ……………………………………………… 140

　　一、实验案例 ………………………………………………………………… 140

　　二、实验指导 ………………………………………………………………… 140

　　三、实验体验 ………………………………………………………………… 143

　　四、实验心得 ………………………………………………………………… 144

实验二　特效文字和图像制作 ………………………………………………… 145

　　一、实验案例 ………………………………………………………………… 145

　　二、实验指导 ………………………………………………………………… 145

　　三、实验体验 ………………………………………………………………… 154

　　四、实验心得 ………………………………………………………………… 154

实验三　数字视频处理 ………………………………………………………… 155

　　一、实验案例 ………………………………………………………………… 155

　　二、实验指导 ………………………………………………………………… 155

　　三、实验体验 ………………………………………………………………… 161

　　四、实验心得 ………………………………………………………………… 161

　　自测题 ……………………………………………………………………… 162

参考文献 ………………………………………………………………………… 164

第一章
计算机基础知识

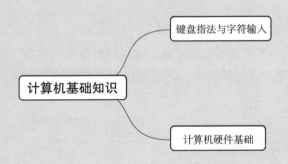

键盘指法与字符输入

计算机基础知识

计算机硬件基础

实验一 键盘指法与字符输入

键盘输入是使用计算机最重要的基本操作之一，对于刚刚接触计算机的初学者而言，学习一套良好的键盘指法对于日后利用键盘进行快速输入有重要的意义。本次实验将教授大家如何培养正确的键盘指法以及学习中/英文字符的输入。

一、实验案例

小周一直有一个疑惑：自己平时也没少使用计算机，为什么还要重新学习键盘指法？其实这也是许多人的思维误区，现在有不少同学在接触这门课程之前就用上了计算机，但大部分都没有受过系统性的键盘指法训练，以至于至今尚有一部分同学在使用"一指禅式输入法"，输入效率十分低下。本阶段的学习目标就是让大家掌握正确的键盘指法，实现标准的盲打。已经具备标准盲打能力的同学可以跳过本次实验的练习，其他同学请跟着小周一起来学习规范的键盘指法与字符输入。

二、实验指导

通过本次练习实验，学生能够初步了解正确的键盘指法，实验将指导学生利用"金山打字通"软件熟悉中/英文字符的输入。下面就以上案例中涉及的知识点和实现步骤进行说明。

1. 主要知识点

本次实验主要包括以下知识点：

（1）101 键盘的按键分布以及介绍；

（2）8 个基准键位的练习；

（3）其他键位的练习；

（4）利用"金山打字通"软件熟悉中/英文字符输入。

2. 实现步骤

1）101 键盘的按键分布以及介绍

我们通常使用的键盘可以被分为 101 键、104 键、107 键等若干种，在此我们将以 101 键盘为例，介绍一个键盘的主要分区。一个 101 键盘可以被划分为主键盘区、功能键区、控制键区、状态指示区及数字键区这 5 个区域，如图 1-1 所示。

主键盘区是键盘中最常用的区域，如图 1-2 所示。主键盘区包含了 26 个英文字母，10 个阿拉伯数字以及功能特殊符号键与功能按键，下面将简单介绍功能按键。

（1）〈Backspace〉——退格键，删除光标前一个字符，部分键盘上的退格键为〈←〉。

（2）〈Enter〉——回车键，将光标移至下一行首，部分键盘上的回车键为〈↵〉。

（3）〈Shift〉——上档键，用于输入双字符键当中的上档符号，与数字键或特殊符号键同时按下，输入键位上部的符号；或与字母按键同时按下，输入大写的英文字母。

图 1-1 常用 101 键盘的分区

图 1-2 主键盘区

（4）〈Ctrl〉〈Alt〉——控制键，通常情况下与其他键一起使用。

（5）〈Caps Lock〉——大小写锁定键，每按动一次将改变一次英文字母大小写状态。例如，目前输入的都是英文小写字母，按动一次大小写锁定键，则之后输入的英文字母都是英文大写字母，再按动一次大小写锁定键，则之后输入的英文字母又变回英文小写字母。

（6）〈Tab〉——跳格键，将光标右移到下一个跳格位置。

（7）空格键——输入一个空格，位于主键盘区中间最下方的位置，大部分键盘空格键呈长方形，其上没有内容。

在大部分键盘的主键盘区中，〈Alt〉〈Shift〉〈Ctrl〉〈Windows〉键各有两个，对称分布在键盘的左、右两端，它们的功能一致，这样设计只是为了方便操作。

功能键区〈F1〉~〈F12〉键的功能会根据具体的操作系统或应用程序而定，接下来将介绍一些功能键区的其他键位。

（1）〈Esc〉——取消键，一般位于键盘的左上角，"Esc"源自英文单词"Escape"（取消）的缩写，通常被用于脱离当前操作或退出当前运行的软件。

（2）〈PrtSc SysRq〉——屏幕硬拷贝键，按下该键能够截取当前屏幕图片，打开写字板等软件使用粘贴功能即可看到所截取的图片。在不同的键盘中该键名可能略有差异。

（3）〈Scroll Lock〉——屏幕滚动显示锁定键，在浏览文档时按下〈Scroll Lock〉键，在文档当中按〈↑〉〈↓〉键可以让页面滚动，但光标目前所示的位置不变，不会随着页面滚动而改变，目前已很少用到。

3

（4）〈Pause Break〉——暂停键，能使计算机目前正在运行的应用程序暂停工作，直到再次按下键盘上任意一个按键为止。

控制键区一般位于主键盘区的右侧，包括所有对光标进行操作的按键以及一些页面操作功能键，这些按键可以在文字处理时控制光标的位置，下面将对这些按键进行简单介绍。

（1）〈Page Up〉与〈Page Down〉——向上翻页键/向下翻页键，这两个按键用于控制屏幕翻页，在浏览文档时按下能使屏幕向上翻一页/向下翻一页。

（2）〈Home〉——按下〈Home〉键能使光标快速移动到本行的开始。

（3）〈End〉——按下〈End〉键能使光标快速移动到本行的末尾。

（4）〈Insert〉——插入键，在文档编辑状态下按下〈Insert〉键能使键入状态发生改变，键入状态一般分为插入和改写状态，默认是改写状态。

（5）〈Delete〉——删除键，能删除光标后一个字符。

（6）〈↑〉〈↓〉〈←〉〈→〉——方向键，通过按动这4个键能够使光标在屏幕内上下左右移动。

状态指示区位于数字键区的上方，包括3个状态指示灯，用于提示键盘的工作状态，其中Num指示灯提示数字键区是否处于可控状态；Caps指示灯显示当前是否是英文大写字母键入状态；Scroll指示灯显示当前是否是屏幕滚动显示锁定状态。

数字键区一般位于键盘的右侧，俗称"小键盘区"，其设计目的主要是方便输入数字，一共有17个按键，数字按键〈0〉～〈9〉均为双字符键；〈+〉〈-〉〈*〉〈/〉按键代表了加减乘除，这些按键主要用于输入数字及运算符号；当要使用小键盘区的按键进行数字输入时，应该按下〈Num Lock〉键，此时对应的指示灯会亮起。

2）"金山打字通2016"简介

"金山打字通2016"是一款功能齐全、数据丰富、界面友好、集打字练习和测试于一体的打字软件。它可以针对用户水平定制个性化的练习课程，以循序渐进的方式提供英文、拼音、五笔、数字符号等多种输入练习，并为收银员、会计、速录等职业提供专业培训。同时，"金山打字通2016"还是一款免费软件，是打字练习的首选软件。

3）练习8个基准键

主键盘区中有8个基准键，分别是〈A〉〈S〉〈D〉〈F〉〈J〉〈K〉〈L〉和〈;〉键，其中〈F〉和〈J〉键上都有一个凸起的小横杆触点或是小圆形触点，这是为了方便手指复位，在盲打的时候使用者能直接通过触碰触点来校准自己双手的姿势。这8个按键之所以被称为基准键，主要是因为当双手键入完成后可以直接复位在其上，所起的作用就是"标杆"的定位作用。8个基准键的位置如图1-3所示，其中〈F〉键和〈J〉键已被着重标出。

在打字之前我们需要利用8个基准键来校准双手的姿势，首先将左手的食指、中指、无名指及小指分别放在〈F〉〈D〉〈S〉〈A〉键上，然后将右手的食指、中指、无名指及小指分别放在〈J〉〈K〉〈L〉〈;〉键上，双手姿势校准完成后我们就完成了打字前的准备。

4）运行"金山打字通2016"

接下来我们将利用"金山打字通2016"进行打字训练。运行该软件的前提是计算机已经安装过该打字软件。如果同学们的计算机上还没有安装"金山打字通2016"，则可以先从网络上把该软件下载到本地计算机。

图1-3 8个基准键

安装完该软件后,使用Windows 10操作系统的同学,选择"开始"→"首字母J"→"金山打字通"→"金山打字通2016.exe"即可启动"金山打字通2016"。其软件主界面如图1-4所示。

图1-4 "金山打字通2016"软件主界面

5)进行字母键位练习

运行"金山打字通2016"后,在首页单击"新手入门",创建一个自己喜欢的昵称,再单击"字母键位",进入键位练习,在这里首先能让同学们进行8个基准键位的练习,之后会进行一些其他字母键位的练习,能够让同学们熟悉各字母键位,完成之后同学们能查看自己的打字速度及正确率。

需要注意的是,在练习英文字母键位时需要把输入法调节成英文模式,对于普通的Windows 10操作系统而言,切换输入法的操作是〈Shift〉键与〈Ctrl〉键同时按下,这能在已有输入法当中进行切换。如果没有默认英文输入的输入法,可以单独按下〈Shift〉键切换中/英文输入模式,该键位切换方法适用于大多数输入法。

6)进行数字键位练习

在进行了字母键位练习之后同学们可以进行数字键位练习,与字母键位类似,数字键位的练习也是非常重要的。同样在首页单击"新手入门",之后单击"数字键位"进入数字键位练习，具体的练习过程及操作类似于字母键位练习。

需要注意的是，在数字键位练习界面的右下方有 4 个按钮，从左往右第 3 个按钮是小键盘按钮，单击小键盘按钮能切换到小键盘输入模式，再次单击该按钮能切换回主键盘模式，各位同学可以根据自己的需求进行练习。之后的符号键位练习、键位纠错练习的过程和操作方式类似于字母键位和数字键位练习，请各位同学根据自己的熟练程度选择练习。

7）进行拼音打字练习

各位同学在熟悉了键盘键位之后可以开始进行拼音打字练习，目前在 Windows 10 操作系统下最主流的汉语输入方式就是拼音输入，除此之外还有五笔、注音等输入方法。要想快速打字，除了熟悉键盘的键位以外还要熟悉各汉字的拼音输入，"金山打字通 2016"就提供了拼音打字的练习功能，接下来我们将进行拼音打字练习。

首先在"金山打字通 2016"的首页单击"拼音打字"，之后根据自己的拼音掌握情况选择"音节练习"或"词组练习"，对拼音输入不熟悉的同学可以进行"音节练习"。在"音节练习"中需要根据屏幕上方提示条中汉字的拼音进行输入，当前需要输入的拼音按键会在键盘图片中被标出，对拼音输入不熟悉的同学可以跟着按键提示进行练习。在"音节练习"的右上角可以进行课程选择，同学们可以根据自己对拼音输入的熟练程度选择课程进行练习，在"词组练习"和"文章练习"中有类似的课程选择及操作方式，已经熟悉拼音打字的同学可以进行"文章练习"，实际测试拼音打字能力。

8）知识扩展

在计算机当中有许多预设的键位组合，利用这些键位组合能够方便地实现某些需求。

（1）在单击选中某个计算机文件或软件时，按住〈Ctrl〉键不放，再次单击多个文件能够同时将这些文件都选中，在进行批量操作时很方便。

（2）当单击选中某个计算机文件后，按住〈Shift〉键不放，再次单击一个新的文件，就能同时选中这两个文件当中的所有文件，包括这两个文件。

（3）当面对一大堆窗口，却要一个一个把它们关掉时，操作很烦琐，此时只要按住〈Shift〉键再单击关闭按钮，所有的窗口就会被全部关闭。

（4）在打开了一个文档之后，同时按下〈Ctrl〉键与〈A〉键能够选中文档的所有内容。

（5）利用光标选中某个文件或在文档中选中某段文字后，同时按下〈Ctrl〉键与〈C〉键能够复制当前所选中的内容。

（6）复制了文件或文字内容后，在合适的位置同时按下〈Ctrl〉键与〈V〉键能够将复制的内容粘贴到当前所选中的位置。

（7）播放光碟时，连按数下〈Shift〉键，可以跳过自动播放。

（8）打开文件时，如果不想用默认方式打开，按住〈Shift〉键，再右击，在弹出的快捷菜单中列出了文件的打开方式。

（9）按住〈Ctrl〉键，单击超链接，可以打开新窗口。

（10）在 Windows 10 操作系统下，当某些应用软件无法关闭时，可以同时按下〈Ctrl〉键、〈Alt〉键及〈Delete〉键，此时会唤醒安全窗口，单击"任务管理器"能够唤醒"任务管理器"窗口，右击要关闭的应用软件，在弹出的快捷菜单中单击"结束任务"能够立即关闭该应用软件。

三、实验体验

用"金山打字通 2016"练习中文文章打字，测试打字速度和正确率，要求如下：

（1）熟练使用"金山打字通 2016"软件；

（2）掌握正确的基础指法；

（3）熟悉键盘的 8 个基准键布局及用途；

（4）熟练记忆主键盘区上的常用字母键位及数字键位。

（5）能使用至少一种汉字输入法熟练地输入常用汉字和词组。

四、实验心得

实验二　计算机硬件基础

计算机系统分为硬件系统和软件系统，通过本次实验，学生初步了解微型计算机的组成、硬件组装的全过程，通过实际操作真正接触到计算机硬件。

一、实验案例

小周从小就开始接触计算机，对计算机十分有兴趣，但因为对计算机硬件不了解只能购买已经组装好的计算机，价钱较贵而且还不能随心所欲搭配硬件。作为一名新时代的大学生，小周期望能够进一步系统、全面地了解计算机硬件，组装出一台自己的计算机。在老师和文献资料的帮助下，小周制订了如下学习计划：

（1）认识微型计算机常见的重要硬件及各组成部件；

（2）掌握微型计算机的硬件组装方法。

以下即是小周本阶段学习的所有内容。

二、实验指导

通过本次参数配置与系统软件安装实验，可以初步了解微型计算机从"裸机"到安装系统软件的全过程，对计算机系统的组成有更直观的了解。下面就以上案例中涉及的知识点和实现步骤进行说明。

1. 主要知识点

本次实验主要包括以下知识点：

（1）硬件组装使用工具及辅助材料准备；

（2）微型计算机硬件组装注意事项；

（3）微型计算机的组成；

（4）微型计算机的硬件组装过程。

2. 实现步骤

1）硬件组装使用工具及辅助材料准备

（1）防静电胶皮工作垫板。

（2）各种规格的平头、十字头螺丝刀。

（3）尖嘴钳、镊子、吹尘球。

（4）导热硅脂。

（5）操作系统安装光盘、常用工具软件光盘等。

2）微型计算机硬件组装注意事项

在进行微型计算机的硬件组装和维护时，应注意以下事项。

（1）在进行微型计算机硬件组装和维护时，需在干净、没有阳光直射但明亮的房间里进行。

（2）装机前要先释放身体上的静电，因为身上带有的静电极易损坏集成电路中的半导体元器件，具体方法是触摸其他金属物品，如自来水管、机箱的金属部分等，或可以在装机前洗手；虽然以上步骤都可以释放静电，但组装过程中难免还是会产生一些静电，因此有条件的同学可以佩戴防静电手腕带或使用防静电胶皮工作垫板。

（3）装机前要仔细阅读各种部件的说明书，特别是主板说明书，根据中央处理器的类型正确设置跳线，目前跳线已经发展到了第三代，三代分别对应键帽式跳线、Dip式跳线、软跳线。

（4）在装机过程中移动计算机部件时要轻拿轻放，切勿将计算机部件掉落在地上，特别是中央处理器、硬盘等部件，计算机在进行安装前如果洗了手则一定要将手上的水擦干才能触碰计算机部件。

（5）插接数据线时，要认清线路标识，对准插入，不要过于用力操作，避免损伤部件；需要拔取时，要注意用力方向，切勿生拉硬扯，以免将接口插针拔弯。

3）微型计算机的组成

微型计算机从外观上看，由主机和外部设备两部分组成。主机是计算机的核心，对于我们常说的台式计算机而言，主机一般被存放在机箱中，或者说机箱也是主机的一部分，主机一般包括主板、中央处理器、硬盘、内存、显卡、散热器、电源等；外部设备一般包括显示器、键盘、鼠标、打印机、磁盘和磁盘驱动器等。微型计算机外观如图1-5所示，之后我们将以台式计算机主机为例对具体的主机部件进行介绍。

图1-5　微型计算机外观

（1）微型计算机主机箱前面板。

由于计算机制造厂商的不同，所采用的主板不同，微型计算机主机箱前面板（如图1-6(a)所示）的功能布置也不一样，但是基本上包括如下功能：电源开关按钮（POWER）、电源指示灯、重启按钮（RESET）、耳机插孔、前置USB插口、麦克风插口、音源插口等。现在的计算机主机箱上的按钮数量相较于早期的机箱更少，功能更加精简；根据机箱型号的不同，部分功能按钮会被转移到机箱上方，而早期的台式计算机主机大多还包括光盘驱动器及软盘驱动器等功能。

（2）微型计算机主机箱后面板。

与主机箱前面板类似，微型计算机主机箱后面板（如图1-6(b)所示）的功能布置也会因为计算机制造厂商的不同而存在一些差异，但也基本包括如下功能：电源线插座、后置 USB 接口、主板集成网卡接口、串行接口、并行接口、麦克风接口、音源接口、鼠标接口、键盘接口、风扇以及显示器数据线接口等。目前市面上常见的鼠标及键盘大多采用 USB 数据线的形式连接到主机上，因此部分微型计算机主机箱后面板并未搭配有特定的鼠标及键盘插口。

（a）　　　　　　　　　　　　　　（b）

图 1-6　微型计算机主机箱前面板与后面板

（a）前面板；（b）后面板

4）微型计算机的硬件组装过程

计算机硬件更新换代很快，不断推出新的主流产品，这种变化表现在产品型号和价格上，尤其是近年来受外部因素影响，硬件价格波动较大，所以组装用的计算机硬件会不尽相同，要因地制宜。本次实验的目的是让学生熟悉计算机组装的操作过程、操作方法及加强对计算机硬件的认识。表 1-1 列出了一份基本的装机配件清单。

表 1-1　组装计算机配件清单

序号	装机部件名称	序号	装机部件名称
1	中央处理器（CPU）	6	散热器（Radiator）
2	主板（Main Board）	7	硬盘（Hard Disk）
3	内存（RAM）	8	电源、机箱（Power、Case）
4	显卡（VGA Card）	9	键盘、鼠标（Keyboard、Mouse）
5	显示器（Monitor）	10	各种数据线、电源线

（1）安装 CPU。

①在拿到主板和 CPU 后，首先要确定 CPU 是否与主板上的 CPU 卡槽相匹配，然后才能进行安装。目前 CPU 有触点式、针脚式等不同接口方式，下面就以常见的 intel 触点式 CPU 进行安装实验，具体安装步骤如下。

第 1 步：用力压下铁杆，之后向右上方抬起，打开主板 CPU 卡槽上的金属压盖及保护盖，如图 1-7(a) 所示，以便让 CPU 能够正确放入。

第 2 步：在 CPU 光滑的文字面上均匀涂上适量的导热硅脂，以便 CPU 和散热片有良好的接触，需注意千万不能把硅脂涂到 CPU 触点上，涂硅脂的作用是方便 CPU 散热，一般购买 CPU 时都会搭配有硅脂。

第 3 步：将 CPU 上有凹口的部位对准插座上的凸口部位，如图 1-7(b) 所示。

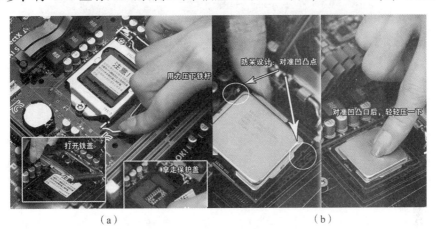

图 1-7　CPU 安装示意

(a) CPU 安装示意 1；(b) CPU 安装示意 2

第 4 步：CPU 只能够在凹凸口对上时才能放入卡槽中，如无法放入千万不要暴力按压，以免损坏 CPU，放入正确后按下金属压盖及铁杆。

②完成 CPU 安装之后，再安装 CPU 风扇与散热片，如图 1-8 所示，其安装步骤如下。

图 1-8　CPU 风扇与散热片

第 1 步：观察主板上 CPU 风扇与散热片的固定位置。

第 2 步：将散热片用螺钉固定在主板上。

第 3 步：将 CPU 风扇安装在散热片的顶部，如果使用的是水冷散热器，则将水冷散热头安装在散热片的顶部。

第 4 步：将 CPU 风扇的电源线接到主板的 CPU 风扇电源接头上。

（2）安装内存。

目前市面上常用的内存多为 DDR4 内存，如图 1-9 所示。DDR4 内存是新一代的内存规格，相较于上一代 DDR3 内存的最高标准频率 1 600 MHz 而言，DDR4 内存频率甚至能超过 4 000 MHz，目前已基本取代 DDR3 内存成为市场主流产品。本书将以 DDR4 内存为例介绍内存安装步骤。

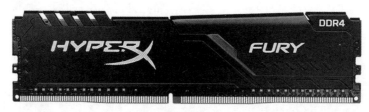

图 1-9　DDR4 内存

第 1 步：安装内存前先要将内存插槽两端的黑色卡扣向两边扳动，将其打开，部分卡扣可能是其他颜色；卡扣打开后沿着正确方向插入内存，内存的凹槽必须对准内存插槽上的隔断凸点，内存凹槽并不位于内存条正中央，这样的设计是为了方便用户确定内存前后安装方向是否正确。

第 2 步：向下按入内存，需同时在内存两侧用力按压，在按压前必须确定内存方向是否正确，如图 1-10 所示。

图 1-10　按压内存

第 3 步：黑色卡扣会自动固定住内存，听到卡扣扣起后的声音则内存安装完毕。

第 4 步：如需拔出内存，则将两端黑色卡扣向下按压，内存会自动向上弹出。

（3）安装主板。

主板是计算机最基础的部件之一，是一块带有控制芯片及各种各样接口的多层矩形电路板，一般带有 BIOS 芯片、I/O 控制芯片、直流电源供电插件等元件，如图 1-11 所示。主板是 CPU 与其他部件联系的桥梁，它通过各种各样的接口将微型计算机的各部件连接起来。

在主板上安装好 CPU 和内存后，即可将主板装入机箱中（也可以先将主板装入机箱中，再安装 CPU 和内存等部件，具体根据机箱构造而定）。

图 1-11　主板

在安装主板前先认识机箱结构，如图1-12所示。机箱的整个机架由金属组成。

图 1-12　机箱

①硬盘位置有两种，分别是 2.5 英寸 SSD 硬盘位和 3.5 英寸 HDD 硬盘位。

②定位铜柱用来定位主板位置。

③不同的机箱能容纳的主板大小不同，在购买主板和机箱前要确定好型号。

主板的安装步骤如下。

第 1 步：将主板上的 I/O 接口对准机箱上的 I/O 孔缓慢放入机箱。

第 2 步：将主板固定孔对准主板上螺钉柱和塑料钉，用螺钉将主板固定好。

第 3 步：连接好机箱接线，即把扬声器、麦克风、复位及 USB 等连接端子线插入主板上的相应插针上。可查阅主板说明书以确定插针的正、负极。

注意：不同的机箱固定主板的方法不同，但是大同小异，主板上一般有多个固定孔，应选择合适的固定孔与主板匹配，要求主板与底板平行，绝不能碰在一起，否则容易造成短路。

（4）安装电源。

自行组装机器的情况下一般需要根据自身的需求购买电源，除了功率以外，电源的体积也是很重要的，部分机箱无法容纳体积较大的电源，在购买前需要注意。由于计算机中的各个配件基本上都已模块化，因此安装更换很容易，电源也不例外，电源的安装步骤如下。

第 1 步：首先把机箱上电源位的固定螺钉拧下，之后把电源放进机箱上的电源固定位置，并将电源上的螺钉固定孔与机箱上的固定孔对正。然后拧上一颗螺钉（固定住电源即可），最后将剩下的螺钉孔对正位置，再拧上剩下的螺钉即可。

第 2 步：将电源的主板插头插到主板上（注意插头方向，不要硬插）。

（5）安装硬盘。

目前市面上的硬盘可以分为机械硬盘（HDD）和固态硬盘（SSD），相对而言机械硬盘的价位较低，速度较慢，但是同等价位下，机械硬盘的存储空间要大不少，在此以机械硬盘的安装为例，机械硬盘如图 1-13 所示。安装硬盘前需检查硬盘是否完好，是否搭配好 SATA 线及电源线，检查完成后即可开始安装。

第 1 步：跳线设置。将 SATA 线及电源线的一端与机械硬盘链接，市面上大部分机械硬盘接口处都有防呆设计，连接起来非常简单。

第 2 步：硬盘固定。硬盘在工作时，其内部的盘片、磁头会高速相对运动，因此必须保证硬盘安装到位，确保固定。要用螺钉将硬盘固定在机箱内适配的固定架上，机械硬盘和固态硬盘安装的位置一般不同。安装时注意有接线端口的那一头向里，另一头朝向机箱面板。一般硬盘面板朝上，而有电路板的那个面朝下。

第 3 步：正确连线。将 SATA 线与电源线的另一端与主板或机箱连接，具体根据机箱及主板的设计而定。一般而言，主板上的 SATA 插座都会标有数字序号，虽然安装到任意一个接口上都可，但数字序号较小的接口优先级较高，如果安装的硬盘数量不止一个，则可以根据硬盘重要性分配接口，通常固态硬盘的重要性要高于机械硬盘。

（6）安装独立显卡。

现在的主板一般都集成了显卡网卡以及声卡，但集成显卡一般不带有显存，需要占用一部分系统内存作为显存，并且系统内存频率通常低于独立显卡的显存频率，因此现在一般会给台式计算机安装独立显卡，如图 1-14 所示。独立显卡的接口有两种，即 AGP 接口和 PCI-E 接口，在拿到显卡后，首先要查看显卡接口的类型，显卡的接口要和主板上的接口相匹配（现在的计算机主板上这两种接口基本都有），根据显卡的接口选择使用主板上的接口。显卡安装步骤如下。

图 1-13　机械硬盘

图 1-14　独立显卡

第 1 步：一般会将主板安装在机箱后再安装独立显卡，观察机箱内主板上的显卡插槽位置，从机箱后壳上拆除对应插槽上的挡板。

第 2 步：将显卡对准插槽并切实地将其插入插槽中，务必确认显卡上的插口金属触点与插槽完全接触在一起。

第 3 步：用螺钉将显卡固定在机箱壳上。

（7）连接外部设备。

①安装显示器。

显示器是一种将特定电子信息通过传输设备显示到屏幕上的显示工具，是重要的外部设备之一。

显示器的种类有很多，如 LCD 显示器、LED 显示器、等离子显示器等，目前台式计算机配备的常见显示器大小规格有 27 英寸、32 英寸等，如图 1-15 所示。我们常说的 2K、4K 显示器指的是显示器的分辨率，一般而言，主流的 2K 指显示器的分辨率为 2 560×1 440，当显示器尺寸放大后，如果分辨率较低，显示器画面就会显得粗糙，但分辨率过高会给计算机带来运算压力，因此选择一个合适的显示器很重要。现在显示器的安装十分简单，其安装步骤如下。

第 1 步：首先把显示器底部向上放好，将支架插入底座，并拧紧螺钉固定。

第 2 步：观察显示器支架，将支架一边上的卡子插入显示器底部的卡口内，将对应的螺钉拧紧，显示器底座就固定在显示器上了。

第 3 步：连接显示器的信号线，把显示器的信号线与机箱后面的显卡输出端相连接，显卡的输出端是一个 15 孔的三排插座，将显示器信号线的插头插入其中。插入时需要注意方向，厂商在设计插头的时候为了防止插反，将插头的外框设计为梯形，因此，一般情况下是不容易插反的，插好后拧紧插头自带的螺栓。

第 4 步：将显示器电源连接线的另外一端连接到电源插座上。

第 5 步：调整支架至合适位置，显示器安装完成。

图 1-15　台式计算机显示器

②连接鼠标键盘。

鼠标与键盘是计算机最基础的输入设备，目前而言，鼠标与键盘都可分为无线与有线两种，如图 1-16 和图 1-17 所示。当前市面上常见的鼠标与键盘安装都已极度简化，有线鼠标与有线键盘只需要将对应的 USB 数据线连接到机箱上即可；无线鼠标与无线键盘则是将信号收发器插入机箱上之后，打开鼠标或键盘开关即可使用。

（a）　　　　　　　　　　　　　　　　　（b）

图 1-16　有线鼠标与无线鼠标

（a）有线鼠标；（b）无线鼠标

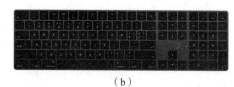

（a）　　　　　　　　　　　　　　　　　（b）

图 1-17　有线键盘与无线键盘

（a）有线键盘；（b）无线键盘

三、实验体验

根据需要为自己配置一台台式计算机，要求如下：

（1）充分考虑每一位家庭成员的需要，除一般办公需要外，还要考虑家庭上网、玩游戏、看电影以及整理资料等需求；

（2）要求所有价格以当年的最新报价为准；

（3）提供至少两种配置方案，一种为经济型，预算不超过 5 000 元，一种为豪华型，预算不超过15 000元。

四、实验心得

自测题

一、单项选择题（每题 1 分，共 25 分）

1. 世界上第一台电子数字积分计算机的名字是（   ）。
A. ENIAC　　　　　B. IBM 390　　　　　C. TRADIC　　　　　D. 441-B

2. 物理元件采用晶体管的计算机被称为（   ）计算机。
A. 第一代　　　　　B. 第二代　　　　　C. 第三代　　　　　D. 第四代

3. 第四代计算机的特点是（   ）。
A. 主要元器件是电子管　　　　　　　B. 主要元器件是中小规模集成电路
C. 主要元器件是大规模集成电路　　　D. 主要元器件是晶体管

4. 计算机辅助制造的简称是（   ）。
A. CAD
B. CAI
C. CAM
D. CMI

5. 未来计算机系统的发展方向有（   ）。
A. 光子计算机　　　B. 生物计算机　　　C. 量子计算机　　　D. 以上都是

6. 在现代电子计算机中，无论什么类型的信息都采用（   ）的形式表示。
A. 十进制　　　　　B. 二进制　　　　　C. 八进制　　　　　D. 十六进制

7. 十进制数 45 转换成二进制数是（   ）。
A. 1011100　　　　　B. 101101　　　　　C. 111001　　　　　D. 101100

8. 下列有关二进制数的说法错误的是（   ）。
A. 二进制数只有 0 和 1 两种数码
B. 二进制数第 i 位上的权是 2 的 i 次方
C. 二进制运算原则是逢二进一
D. 十进制转换成二进制是使用按权展开相加法

9. 在下列不同进制的 4 个数中，最小的一个数是（   ）。
A. (65)D　　　　　B. (55.5)O　　　　　C. (31B)H　　　　　D. (11001)B

10. 在计算机内部，用来传送、存储、加工处理的数据或指令都是以（   ）形式表示。
A. 区位码　　　　　B. ASCII 码　　　　　C. 二进制　　　　　D. 十进制

11. 十六进制数 7A 转换为十进制数是（   ）。
A. 272　　　　　B. 250　　　　　C. 128　　　　　D. 122

12. 下列有关信息和数据的说法错误的是（   ）。
A. 信息是数据的载体
B. 计算机中，任何信息都是用数据来存储和处理的
C. 信息是对世界上各种事物及其特征的反映
D. 数字化编码是将信息转化成二进制编码

13. 当前被国际化标准组织确定为世界通用的国际标准码的是（　　　）。

A. ASCII 码　　　　　B. 8421 码　　　　　C. BCD 码　　　　　D. 汉字编码

14. 八进制数 105 转换成十六进制数是（　　　）。

A. 54　　　　　　　B. 69　　　　　　　C. 52　　　　　　　D. 45

15. 微型计算机的运算器、控制器、内存储器构成计算机的（　　）部分。

A. CPU　　　　　　B. 硬件系统　　　　　C. 主机　　　　　　D. 外部设备

16. 软磁盘和硬磁盘都是（　　　）。

A. 计算机的内存储器　　　　　　　B. 计算机的外存储器

C. 海量存储器　　　　　　　　　　D. 备用存储器

17. 计算机中运算器的主要功能是（　　　）。

A. 算术运算和逻辑运算　　　　　　B. 分析指令并执行

C. 控制计算机的运行　　　　　　　D. 负责存取数据

18. 下列关于外存储器的说法错误的是（　　　）。

A. CPU 不能向其随机写入数据

B. 外存储器简称外存

C. 外存储器用于存储暂时不用的程序和数据

D. 外存储器对于内存的特点是容量小

19. 在计算机中，（　　　）合称为处理器。

A. 运算器和寄存器　　　　　　　　B. 存储器和控制器

C. 运算器和控制器　　　　　　　　D. 显示器和鼠标

20. 微型计算机基本配置的输入和输出设备分别是（　　　）。

A. 键盘和数字化仪器　　　　　　　B. 扫描仪和显示器

C. 显示器和鼠标　　　　　　　　　D. 键盘和显示器

21. 下面属于系统软件的是（　　　）。

A. 操作系统　　　　　B. 股票系统　　　　　C. 杀毒软件　　　　　D. Steam

22. 关于高速缓冲存储器的描述，正确的是（　　　）。

A. 以空间换取时间的技术　　　　　B. 是为了提高外设的处理速度

C. 以时间换取空间的技术　　　　　D. 是为了协调 CPU 与内存之间的速度

23. （　　　）是计算机中最小的数据单位。

A. 字节　　　　　　B. 字长　　　　　　C. 位　　　　　　　D. 字

24. "裸机"是指（　　　）。

A. 有处理器无存储器　　　　　　　B. 有硬件系统无软件系统

C. 有主机无外设　　　　　　　　　D. 有外设无主机

25. 1 GB 等于（　　　），又等于（　　　）个字节。

A. 1 024 KB，2 048　　　　　　　B. 1 024 MB，2^{30}

C. 2 048 KB，2^{30}　　　　　　　D. 2^{10} KB，2^{20}

二、填空题（每题 2.5 分，共 25 分）

1. 在计算机中，1 B = _____ KB。

2. 计算机硬件系统的 5 个基本组成部分是_____、_____、_____、_____、_____。

3. 一个完整的计算机系统应包括_____和_____两部分。

4. 由二进制代码构成的语言是_____。

5. 用计算机高级语言编写的程序称为_____程序。

6. 与十进制数 66 等值的二进制数是_____。

7. 在计算机中，主存储器的基本存储单位是_____。

8. 在计算机中，运算器和控制器结合在一起，做在一块半导体集成电路中，被称为_____。

9. 将八进制数 132 转换成二进制数是_____、转换成十六进制数是_____。

10. 计算机当中的总线可以被分为双向总线和单向总线，数据总线属于_____总线。

三、判断题（每题 2.5 分，共 25 分，正确的打"√"，错误的打"×"）

( ) 1. 所有计算机的字长都是相同的。

( ) 2. 在计算机中数据单位 KB 的意思是千字节。

( ) 3. CAI 是指计算机辅助设计。

( ) 4. 二进制数一定要比十进制数小。

( ) 5. 八进制基数为 8，因此在八进制数中可使用的数字符号是 0，1，2，3，4，5，6，7，8。

( ) 6. 鼠标和键盘都是输入设备。

( ) 7. 应用软件是系统资源的管理者，是用户与计算机的接口。

( ) 8. 计算机体积越大，其功能就越强。

( ) 9. 我们现在常用的计算机都属于小型计算机。

( ) 10. 十六进制数 3C.4 对应于十进制数为 60.25。

四、简答题（每题 5 分，共 25 分）

1. 计算机由哪几部分组成？

2. 根据不同的存取方式，主存储器可以分为哪两类？辅助存储器又可以分为哪两类？

3. 在计算机中为什么要采用二进制来表示信息？

4. 简述计算机软件系统的组成。

5. 个人计算机中的主要硬件有哪几个？请简单介绍它们。

第二章

操作系统

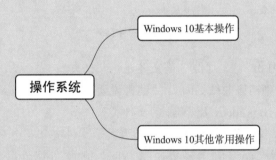

实验一　Windows 10 基本操作

通过对 Windows 10 的认识，掌握 Windows 10 的启动、关闭；学会文件夹的常用操作，包括新建文件、重命名文件、查找文件等。

一、实验案例

（1）打开装有 Windows 10 操作系统的计算机，认识 Windows 10 的桌面。

（2）在 D 盘目录下建立如图 2-1 所示的文件目录。

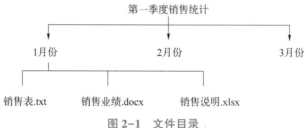

图 2-1　文件目录

①"1月份""2月份""3月份"是文件还是文件夹？

②"销售表.txt""销售业绩.docx""销售说明.xlsx"是文件还是文件夹？

③描述扩展名为.txt、.docx 及.xlsx 的文件类型。

④D 盘的文件夹"第一季度销售统计"包含几个文件夹和几个文件？

（3）设置"销售表.txt"和"销售说明.xlsx"的文件属性分别为"只读"和"隐藏"。

文件属性除了只读和隐藏外，还可以设置什么属性？

（4）将"销售业绩.docx"移动到文件夹"3月份"中，重命名为"3月份销售业绩.docx"，再将该文件复制到文件夹"2月份"中，重命名为"2月份销售业绩.docx"。

①文件夹"1月份"中是否还有文件"销售业绩.docx"？

②将文件由甲位置移动到乙位置，甲位置和乙位置都存储有该文件，这个说法对吗？

③将文件由甲位置复制到乙位置，甲位置和乙位置都存储有该文件，这个说法对吗？

④移动文件、复制文件、粘贴文件分别用什么组合键？

（5）在 C 盘中查找以字母 C 开头的所有文件。

①完成此题操作，在图 2-2 中如何填写内容？

回答：搜索本地磁盘（C:）：＿＿＿＿＿＿＿＿＿＿。

②查找文件时，使用的通配符"?"和"＊"的区别是什么？

回答：＿＿＿＿＿＿＿＿＿＿＿＿＿＿＿＿＿＿。

图 2-2　进入 C 盘

二、实验指导

下面就以下案例中涉及的知识点和实现步骤进行说明。

1. 主要知识点

本次实验主要包括以下知识点：

（1）打开装有 Windows 10 操作系统的计算机，认识 Windows 10 的桌面；

（2）新建文件；

（3）设置文件属性；

（4）学会文件的移动、复制、粘贴；

（5）查找文件。

2. 实现步骤

（1）打开装有 Windows 10 操作系统的计算机，Windows 10 的桌面包括快速启动区、任务栏、系统区，如图 2-3 所示。

图 2-3　Windows 10 桌面

（2）在 D 盘下新建文件夹"第一季度销售统计"，如图 2-4 所示。

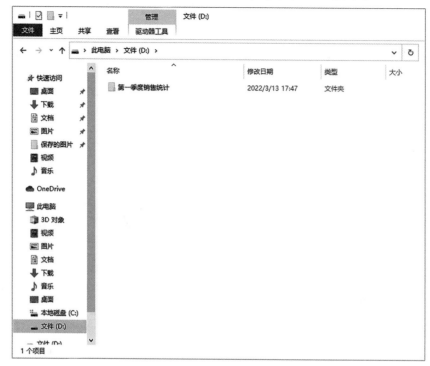

图 2-4 "第一季度销售统计"文件夹

在"第一季度销售统计"文件夹中创建 3 个文件夹分别为"1 月份""2 月份""3 月份"，如图 2-5 所示。

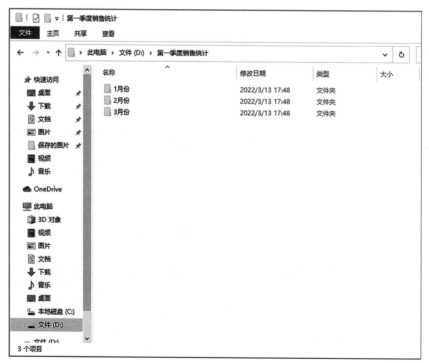

图 2-5 "第一季度销售统计"文件夹下的子文件夹

在"1月份"文件夹中创建3个文件，分别为"销售表.txt""销售说明.xlsx""销售业绩.docx"，如图2-6所示。

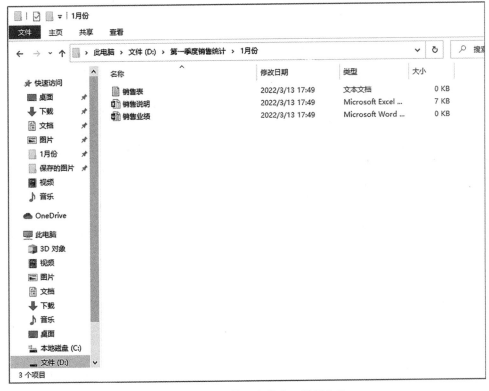

图2-6　"1月份"文件夹下的子文件

（3）右击"销售表.txt"文件，弹出如图2-7所示的快捷菜单，选择"属性"命令，弹出如图2-8所示的对话框，单击"高级"按钮，弹出"高级属性"对话框，如图2-9所示。

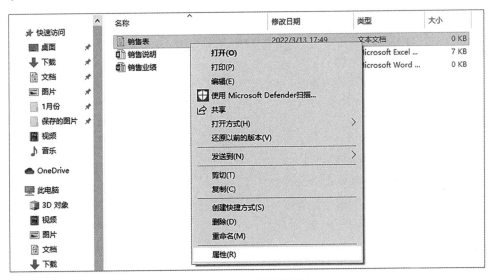

图2-7　文件快捷菜单

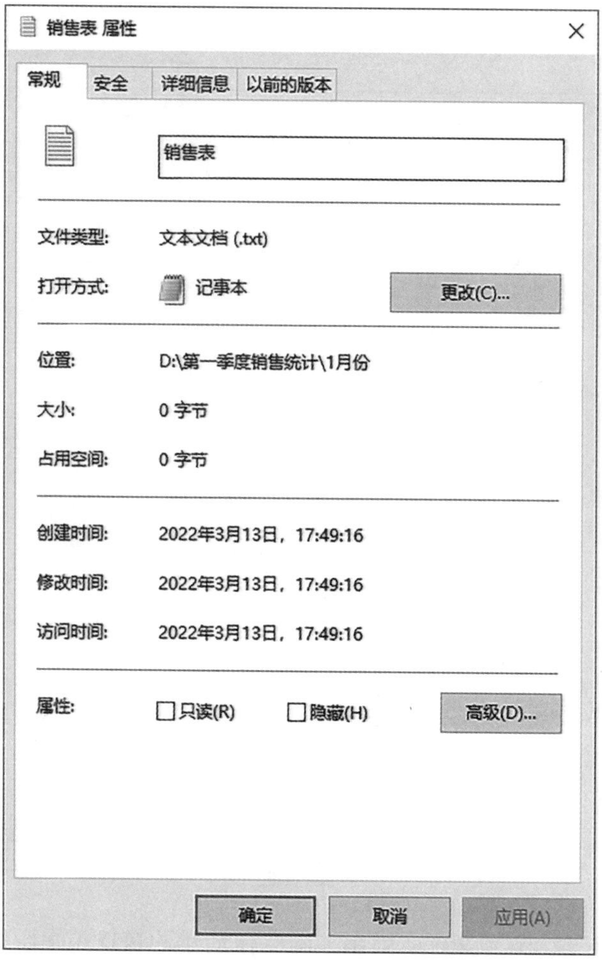

图 2-8 “销售表 属性”对话框

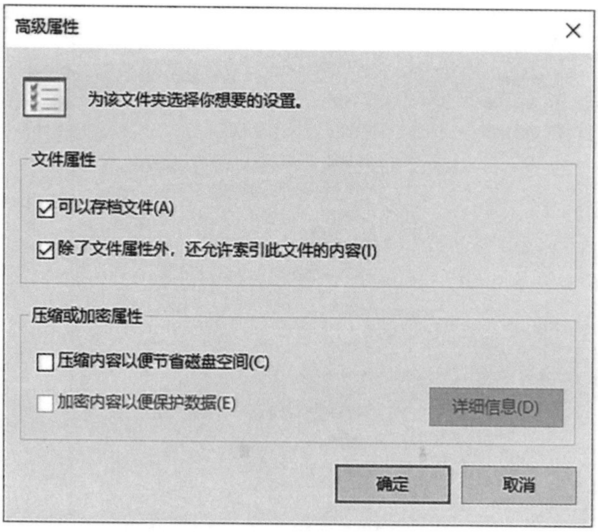

图 2-9 “高级属性”对话框

（4）"销售业绩.docx"文件没移动之前如图 2-10 所示，移动、重命名之后如图 2-11 和图 2-12 所示。

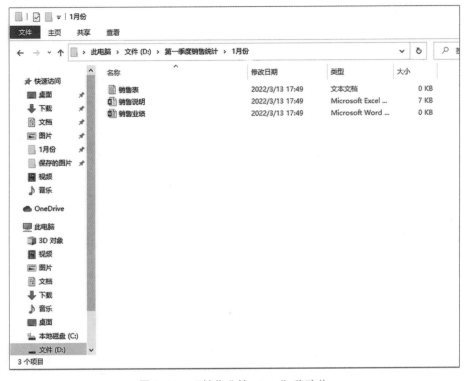

图 2-10　"销售业绩.docx"移动前

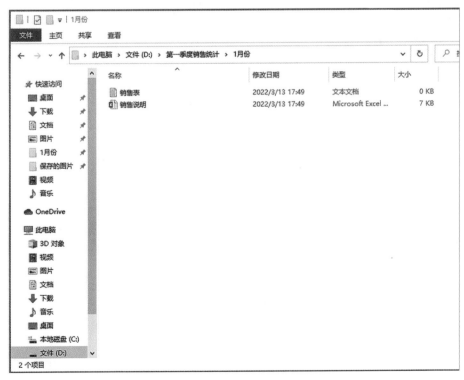

图 2-11　"销售业绩.docx"移动后

27

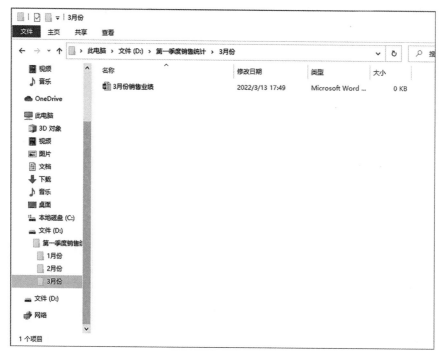

图 2-12　"销售业绩 . docx"移动后重命名为"3 月份销售业绩 . docx"

　　右击"3 月份销售业绩 . docx"文件,在快捷菜单中选择"复制"命令,双击"2 月份"文件夹,右击并选择"粘贴"命令,如图 2-13 所示。右击"3 月份销售业绩 . docx"文件,在快捷菜单中选择"重命名"命令,将其重命名为"2 月份销售业绩 . docx",如图 2-14 所示。

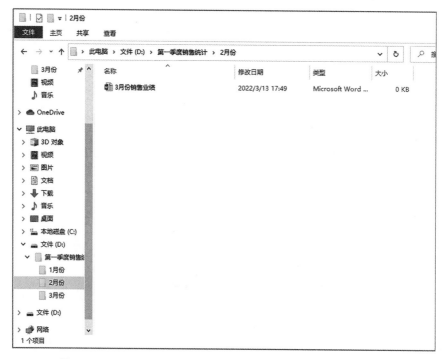

图 2-13　复制"3 月份销售业绩 . docx"到"2 月份"文件夹中

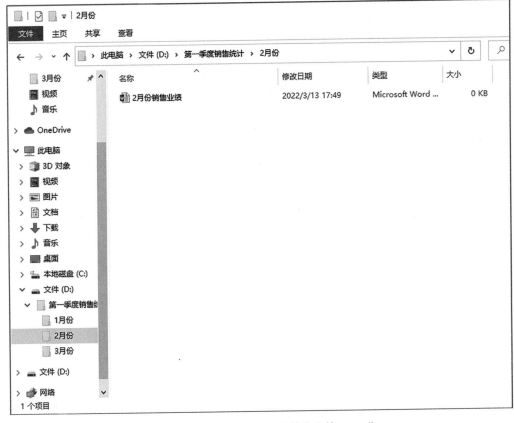

图 2-14 重命名为 "2 月份销售业绩.docx"

（5）打开"资源管理器"窗口，双击 C 盘，在"搜索本地磁盘（C:）"文本框中输入"C*"，结果如图 2-15 所示。

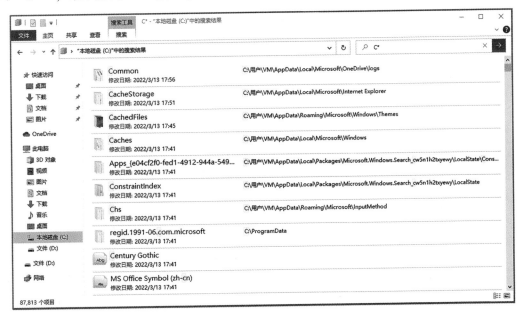

图 2-15 查找以 C 开头的所有文件

三、实验体验

在安装有 Windows 10 的计算机上进行下列实验：

（1）在 D 盘新建文件夹"计算机科学学院"，在"计算机科学学院"文件夹下新建 3 个子文件夹，分别是"计算机科学与技术""软件工程""物联网"；

（2）对文件夹进行重命名，"计算机科学学院"重命名为"计科院"；"计算机科学与技术"重命名为"计科"，"软件工程"重命名为"软工"；

（3）更改文件的属性为"只读"；

（4）在任务管理器中关闭 QQ 应用程序。

要求如下：

（1）认识 Windows 10 的桌面，学会文件的新建、重命名、查找等。

（2）掌握资源管理器、任务管理器、设备管理器的使用。

四、实验心得

实验二 Windows 10 其他常用操作

通过 Windows 10 其他常用操作实验，掌握控制面板的基础操作，包括设置日期和时间，设置桌面背景，设置屏幕保护以及创建帐户和更改帐户密码等。

一、实验案例

在安装有 Windows 10 操作系统的计算机上，完成下列实验。

（1）设置系统的日期和时间，如图 2-16 所示。

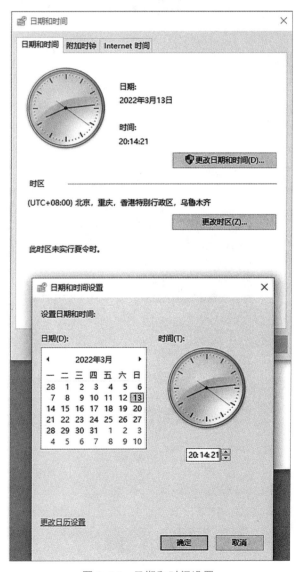

图 2-16　日期和时间设置

（2）设置桌面背景，如图 2-17 所示。

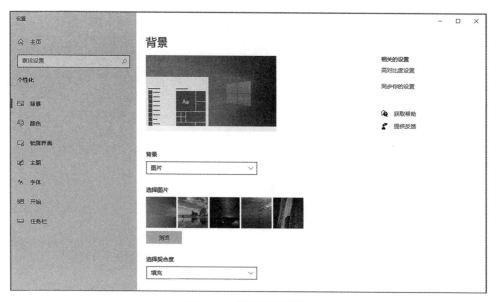

图 2-17　设置桌面背景

（3）设置屏幕保护，如图 2-18 所示。

图 2-18　设置屏幕保护

（4）创建帐户和更改帐户密码，如图 2-19 所示。

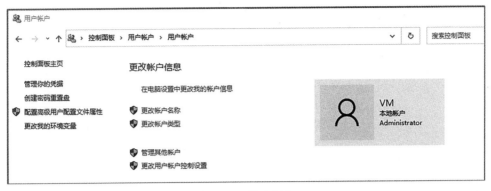

图 2-19　用户帐户

二、实验指导

下面就以上案例中涉及的知识点和实现步骤进行说明。

1. 主要知识点

本次实验主要包括以下知识点：

（1）设置系统日期和时间；

（2）设置桌面背景；

（3）设置屏幕保护；

（4）创建帐户名和更改帐户密码。

2. 实现步骤

（1）单击桌面左下角"开始"按钮，在应用程序列表中的"Windows 系统"文件夹下选择"控制面板"，弹出"控制面板"窗口，如图 2-20 所示。

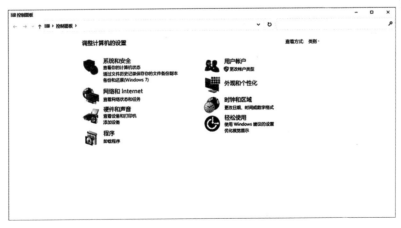

图 2-20　"控制面板"窗口

（2）单击"时钟和区域"按钮，进入时间设置界面，如图 2-21 所示。

（3）单击"日期和时间"按钮，弹出"日期和时间"对话框，如图 2-22 所示。

（4）单击"更改日期和时间"按钮，在图 2-23 中设置日期和时间。

图 2-21　时间设置界面

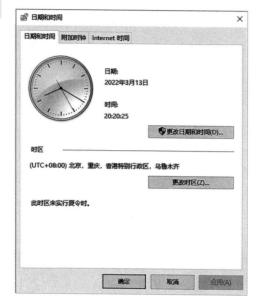

图 2-22　"日期和时间"对话框

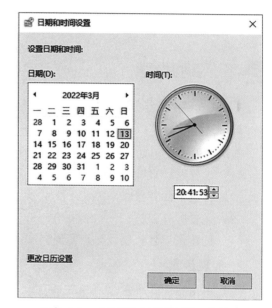

图 2-23　"日期和时间设置"对话框

（5）单击桌面左下角"开始"按钮，单击"设置"按钮打开"设置"窗口，如图 2-24 所示，单击"个性化"按钮，弹出如图 2-17 所示窗口，在窗口中的"选择图片"下选择一种桌面背景。

图 2-24　"设置"窗口

（6）在图 2-25 所示窗口中，单击"锁屏界面"按钮，如图 2-25 所示。

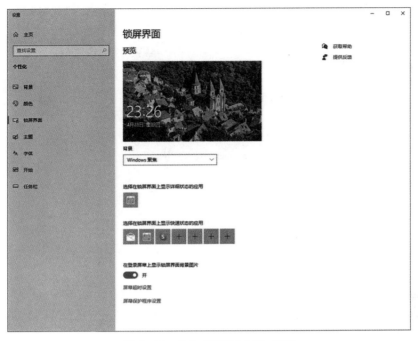

图 2-25 单击"锁屏界面"按钮

（7）在图 2-25 的窗口中单击"屏幕保护程序设置"按钮，弹出"屏幕保护程序设置"对话框，将"屏幕保护程序"下拉列表中的"无"切换为"3D 文字"，如图 2-26 所示。

图 2-26 "屏幕保护程序设置"对话框

（8）在"控制面板"窗口中，单击"用户帐户"→"用户帐户"，弹出图2-19所示的界面，随后单击"管理其他帐户"按钮，再单击"在电脑设置中添加新用户"按钮，可以创建新的用户帐户，如图2-27所示。

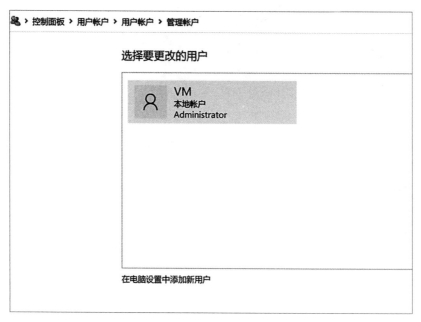

图 2-27　创建新用户帐户

（9）在图2-19所示界面中单击"更改帐户名称"按钮，可以修改当前帐户的名称，如图2-28所示。

图 2-28　更改帐户名称

三、实验体验

在 Windows 10 系统中创建文件夹，进行更改文件名、移动文件、复制文件、删除文件、查找文件等操作。完成更换 Windows 10 系统的桌面背景、屏保密码，设置系统日期和时间，创建帐户，更改帐户密码等操作。要求如下：

（1）掌握桌面背景的设置；

（2）掌握系统日期和时间的设置；

（3）掌握屏幕保护的设置；

（4）掌握用户帐户的设置。

四、实验心得

自测题

一、单项选择题（每题 2 分，共 30 分）

1. 以下硬件不属于计算机赖以工作的实体的是（   ）。

A. 显示器　　　　　B. 键盘　　　　　C. 手柄　　　　　D. 鼠标

2. 简单地说文件名是由（   ）两部分组成的。

A. 文件名和基本名　　　　　　　　　B. 基本名和扩展名

C. 扩展名和后缀　　　　　　　　　　D. 后缀和名称

3. 在 Windows 10 中，能进行打开"资源管理器"窗口的操作是（   ）。

A. 右击桌面的空白处

B. 单击"任务栏"空白处

C. 单击"开始"按钮，在弹出的菜单中选择"文件资源管理器"

D. 右击"回收站"图标

4. 在 Windows 10 中能更改文件名的操作是用鼠标（   ）文件名，然后选择"重命名"，键入新文件名后按〈Enter〉键。

A. 右键单击　　　B. 左键单击　　　C. 右键双击　　　D. 左键双击

5. 在 Windows 10 中，不是文件属性的为（   ）。

A. 只读　　　　　B. 存档　　　　　C. 隐藏　　　　　D. 退出

6. Windows 10 为用户提供的环境是（   ）。

A. 单用户，单任务　　　　　　　　　B. 单用户，多任务

C. 多用户，单任务　　　　　　　　　D. 多用户，多任务

7. 在 Windows 10 中，通配符"c＊"可以匹配到的文件名为（   ）。

A. c. txt　　　　B. a. doc　　　　C. b. txt　　　　D. q. xlsx

8. 下列有关操作系统的描述，（   ）是错误的。

A. 具有文本处理功能　　　　　　　　B. 主要目的是使计算机系统方便使用

C. MS-DOS 是一种操作系统　　　　　D. 用户与计算机之间的界面程序

9. 在中文 Windows 10 中，文件名不可以（   ）。

A. 包含空格　　　　　　　　　　　　B. 长达 255 个字符

C. 包含各种标点符号　　　　　　　　D. 使用汉字字符

10. 在 Windows 10 中，下列不合法的文件名是（   ）。

A. FIGURE？BMP　　　　　　　　　B. FIGURE BMP

C. FIGURE. BMP　　　　　　　　　 D. FIGURE. 001. BMP

11. 关于关闭窗口的描述，错误的是（   ）。

A. 双击窗口左上角的控制按钮　　　　B. 单击窗口右上角的"×"按钮

C. 单击窗口右上角的"－"按钮　　　　D. 选择"文件"菜单下的"关闭"命令

12. 文件夹中不可直接存放（　　）。

A. 文件　　　　　　　B. 文件夹　　　　　　　C. 多个文件　　　　D. 字符

13. 在 Windows 10 中，（　　）不属于窗口的组成部分。

A. 标题栏　　　　　　B. 状态栏　　　　　　　C. 菜单栏　　　　　　D. 对话框

14. Windows 10 中的剪贴板是（　　）。

A. "画图" 的辅助工具

B. 存储图形或数据的物理空间

C. "写字板" 的重要工具

D. 各种应用程序之间数据共享和交换的工具

15. Windows 10 是一个多任务操作系统，多任务指的是（　　）。

A. Windows 10 可运行多种类型各异的应用程序

B. Windows 10 可同时管理多种资源

C. Windows 10 可同时运行多个应用程序

D. Windows 10 可供多个用户同时使用

二、填空题（每题 2 分，共 20 分）

1. 对 Windows 10 的操作，既可以通过键盘，也可以通过＿＿＿＿＿＿＿来完成。

2. 目前，微型计算机常用的操作系统除了 DOS 之外还有＿＿＿＿＿＿、UNIX、OS/2、Linux 等。

3. 操作系统的五大管理功能包括处理器管理、＿＿＿＿＿＿管理、＿＿＿＿＿＿管理、设备管理和作业管理。

4. 在 Windows 10 中，各应用程序之间的信息交换是通过＿＿＿＿＿进行的。

5. 用〈Ctrl+＿＿＿＿＿＿〉键可以启动或关闭中文输入法。

6. 在 Windows 10 中要想将当前窗口的内容存入剪贴板中可以按〈Alt+＿＿＿＿〉键。

7. 当任务栏被隐藏时用户可以按〈Ctrl+＿＿＿＿＿〉键的快捷方式打开 "开始" 菜单。

8. 在 Windows 10 中，文件名的长度可达＿＿＿＿＿＿个字符。

9. 在 Windows 10 中，文件名不能多于＿＿＿＿＿＿字符。

10. 用〈＿＿＿＿＿＿+空格〉键可以进行全角/半角的切换。

三、判断题（每题 2.5 分，共 25 分，正确的打 "√"，错误的打 "×"）

（　　）1. 在 Windows 10 的任务栏被隐藏时，用户可以用按〈Ctrl+Tab〉键的快捷方式打开 "开始" 菜单。

（　　）2. Windows 10 剪贴板中的内容不能是文件。

（　　）3. 在 Windows 10 中可以为应用程序建立快捷方式。

（　　）4. Windows 10 中的桌面是指活动窗口。

（　　）5. 用户不能在 Windows 10 中隐藏任务栏。

（　　）6. 当选定文件或文件夹后，欲改变其属性设置，可以在其上右击，然后在弹出的快捷菜单中选择 "属性" 命令。

（　　）7. 在 Windows 10 中，如果不小心对文件或文件夹进行了错误操作，则可以利用"编辑"菜单中的"撤消"命令或按〈Ctrl+Z〉键，取消原来的操作。

（　　）8. Windows 10 的窗口是不可改变大小的。

（　　）9. 在 Windows 10 中，被删除的文件或文件夹可以被放进回收站中。

（　　）10. 在 Windows 10 中，可以对桌面上图标的顺序进行重新排列。

四、简答题（每题 5 分，共 25 分）

1. 什么是操作系统？

2. 操作系统的功能有哪些？

3. 什么是进程？什么是线程？

4. 什么是文件夹？

5. 屏幕保护程序的功能是什么？

第三章
计算机网络与 Internet

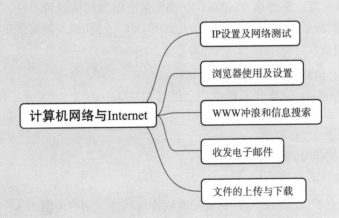

实验一　IP 设置及网络测试

通过设置 IP 以及测试网络，读者能掌握一些计算机网络的基础操作知识。在本次实验后读者应能掌握在 Windows 10 操作系统下，TCP/IP 参数的配置，并能够使用指令进行网络测试。

一、实验案例

在 Windows 10 操作系统下，设置 TCP/IP 参数，并测试网络连接是否通畅。
(1) 首先在 Windows 10 操作系统中，找到"本地连接"属性。
(2) 在"本地连接"中设置 TCP/IP 参数。
(3) 测试网络连接。

二、实验指导

通过 IP 参数配置，熟悉在 Windows 10 操作系统中的网络设置方法；配置完成之后使用网络指令测试网络运行状态。下面就以上案例中涉及的知识点和实现步骤进行说明。

1. 主要知识点

本次实验主要包括以下知识点：
(1) 打开 Windows 10 操作系统中的"网络和共享中心"；
(2) 打开"本地连接"设置；
(3) 配置 TCP/IP 参数；
(4) 应用网络指令测试网络连接。

2. 实现步骤

(1) 在桌面右下角，若此时计算机为有线连接状态，则右击图标；若此时计算机为无线连接状态，则右击图标，在弹出的快捷菜单中选择"打开网络和 Internet 设置"命令。也可以选择"控制面板"窗口中的"网络和 Internet"选项中的"网络和共享中心"，如图 3-1 所示。

图 3-1　"控制面板"窗口中的"网络和 Internet"选项

（2）弹出"网络和共享中心"对话框，单击"连接:"右边的"以太网"按钮，弹出"以太网状态"对话框，如图 3-2 所示，可以查看发送和接收数据流量。如果连接了其他属性的网络，则操作步骤也类似于本操作。

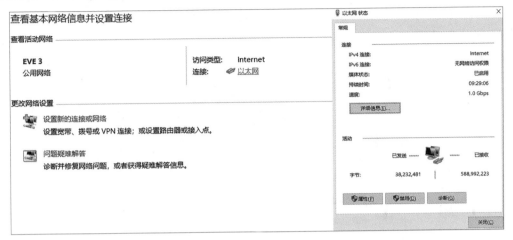

图 3-2 "以太网"选项与"以太网状态"对话框

（3）单击"属性"按钮，就可进入 IP 参数的配置，勾选"Internet 协议版本 4（TCP/IPv4）"复选按钮，如图 3-3 所示。

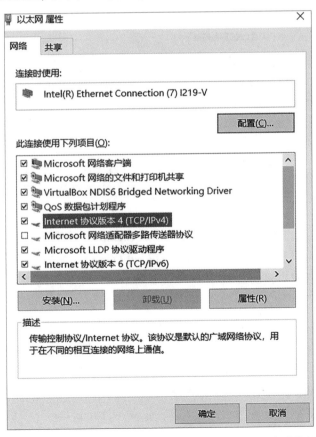

图 3-3 勾选"Internet 协议版本 4（TCP/IPv4）"复选按钮

（4）单击"确定"按钮，点选"使用下面的 IP 地址"和"使用下面的 DNS 服务器地址"单选按钮就可以进行 IP 地址、子网掩码等参数的配置，如图 3-4 所示。如果网络中有服务器或路由器为该计算机动态分配 IP 地址、DNS 服务地址等参数，则应点选"自动获得 IP 地址"和"自动获得 DNS 服务器地址"单选按钮，否则必须手动输入 IP 地址、子网掩码、默认网关和 DNS 服务器地址，目前多数情况下都是自动获得 IP 地址及 DNS 服务器地址。

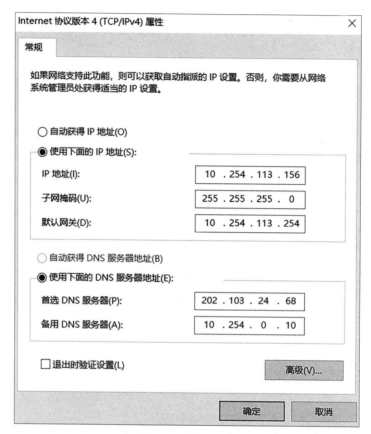

图 3-4 参数配置

（5）配置完成后，如果采用以太网方式接入 Internet，并且网络连接 TCP/IP 参数配置正确，那么本机就可以和局域网中的其他计算机进行通信。如果是"自动获得 IP 地址"，则可以通过指令，查看本机的 IP 地址等参数。单击桌面左下角的"开始"按钮在搜索栏中输入"CMD"指令，输入无须考虑大小写。

之后单击出现在最佳匹配中的"命令提示符"应用，切换到控制台命令模式，在命令模式下输入"ipconfig"指令查看网络适配器基本信息、IP 地址、子网掩码、默认网关和 DNS 服务器地址等，如图 3-5 所示。

（6）输入"ping"指令，可以测试网络是否可以连接到外网，网络时延超过 100 ms，则无法连接到外网。如图 3-6 所示，输入"ping www. baidu. com"测试连接到百度首页的网络时延。

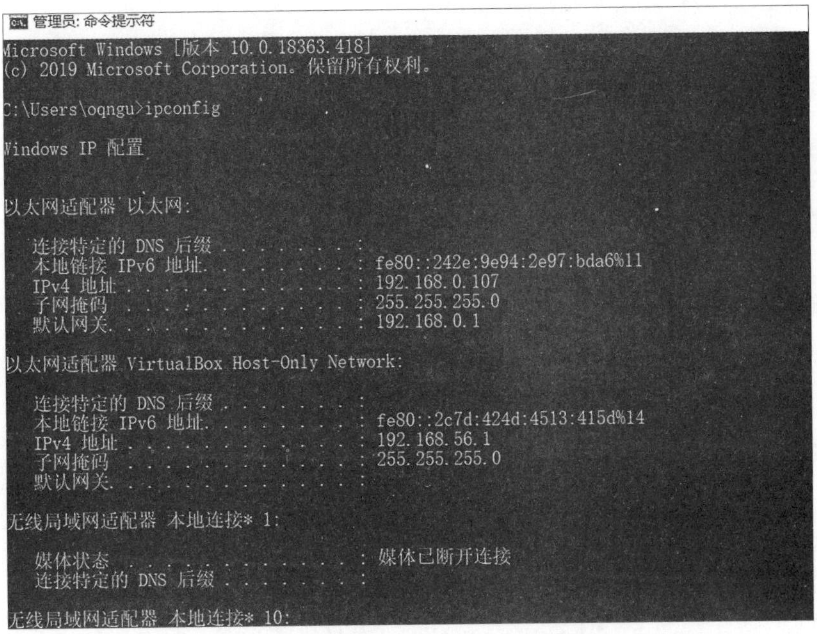

图 3-5 输入"ipconfig"指令结果

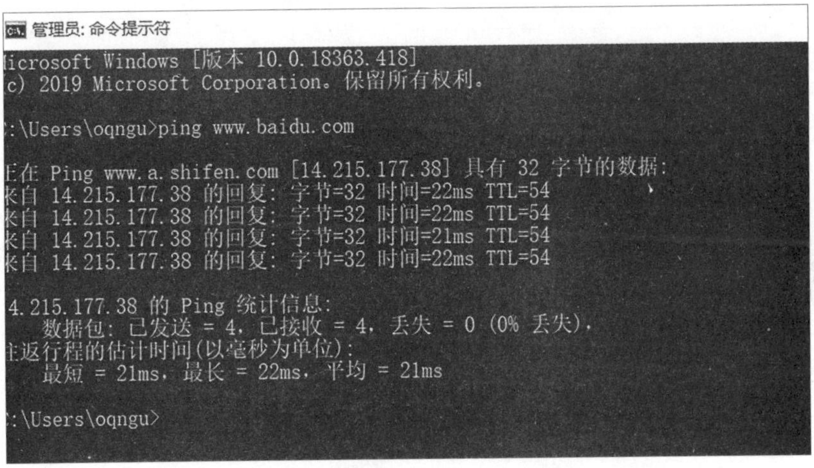

图 3-6 测试网络时延

三、实验体验

在以太网中自行配置 TCP/IP 参数，并测试网络是否畅通。如果是"自动获得 IP 地址"，则查看本机的 IP 地址，进行下列实验：

（1）在"控制面板"窗口中找到"网络和共享中心"选项；

（2）在"以太网"中设置 IP 地址、子网掩码、网关、DNS 服务器地址等参数；

（3）切换至控制台命令模式用"ipconfig"指令查看本机的 IP 地址；

（4）用"ping"指令选择任意一个网站进行测试，查看网络是否通畅。

要求如下:

(1) 熟练配置 TCP/IP 地址;

(2) 掌握计算机网络中最基本的指令。

四、实验心得

实验二 浏览器使用及设置

> 由于 IE 浏览器已经停止更新，故本次实验将通过使用以及设置 Windows 10 操作系统自带的 Microsoft Edge 浏览器，介绍在 Windows 10 操作系统下，如何利用浏览器访问网络。

一、实验案例

在 Windows 10 操作系统下，打开 Microsoft Edge 浏览器，将其页面调整为合适大小，修改其默认的下载保存位置及首页。

（1）在"开始"菜单中打开"Microsoft Edge"浏览器。

（2）调整 Microsoft Edge 浏览器的页面大小。

（3）更改默认下载保存位置及首页。

二、实验指导

通过设置 Microsoft Edge 的一些参数，熟悉在 Windows 10 操作系统下默认浏览器的简单应用。下面就以上案例中涉及的知识点和实现步骤进行说明。

1. 主要知识点

本次实验主要包括以下知识点：

（1）找到"开始"菜单中的"Microsoft Edge"浏览器。

（2）调整 Microsoft Edge 浏览器页面大小。

（3）设置 Microsoft Edge 浏览器的参数。

2. 实现步骤

（1）单击桌面左下角的"开始"右边的搜索栏，搜索栏中一般默认写有"在这里输入你要搜索的内容"，在其中输入"Microsoft Edge"，单击选择"最佳匹配"当中的"Microsoft Edge"。

（2）进入 Microsoft Edge 浏览器后会看到默认设置的页面，这个依据每个计算机安装的 Microsoft Edge 浏览器初始设置而定，并不一定完全相同。之后将光标移动到 Microsoft Edge 浏览器最上端的边缘，此时光标会变成一个双箭头"↕"，初学者可能比较难确定边缘位置，慢慢挪动鼠标尝试即可。之后按住鼠标左键不放，拖动鼠标即可改变浏览器页面大小，该方法还适用于浏览器的左边缘及右边缘。同时我们还可以单击浏览器右上角的 3 个符号，从左到右的"横线""方框""叉"按钮分别对应"最小化""最大化""关闭"功能，Microsoft Edge 浏览器空白页面如图 3-7 所示。

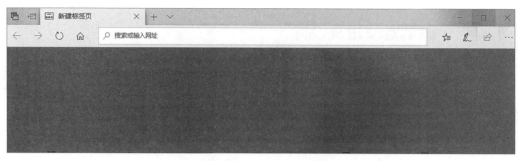

图 3-7　Microsoft Edge 浏览器空白页面

（3）单击 Microsoft Edge 浏览器右上角的 ⋯ 图标，该图标位于"叉"按钮的正下方，之后会弹出浏览器菜单，单击其中的"设置"按钮 ⚙ 进入设置页面。

（4）单击"常规"按钮，在常规页面中，选择"Microsoft Edge 打开方式"下拉列表中的"特定页"选项，在"特定页"下面的文本框中输入你所中意的网页地址，将其设置为 Microsoft Edge 浏览器的首页，再单击网址右边的"保存"按钮，如图 3-8 所示。之后关闭 Microsoft Edge 浏览器再打开时就会进入所设置的首页当中。

图 3-8　设置主页

（5）仍然是在当前常规页面，滑动鼠标中间的滚轮，将页面调整至下方。单击位于"下载"下方的"更改"按钮，在弹出的"选择文件夹"对话框中选择你所期望的下载位置，单击"选择文件夹"按钮，即可更改下载文件的保存位置。之后通过 Microsoft Edge 浏览器下载的文件均会保存在该位置下，如图 3-9 所示。

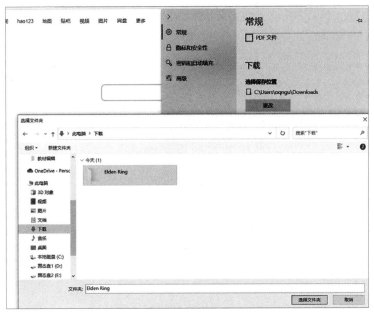

图 3-9　更改下载文件的保存位置

三、实验体验

在 Windows 10 操作系统中进行下列实验：

（1）在"开始"菜单中找到"Microsoft Edge"浏览器；

（2）调整 Microsoft Edge 浏览器的页面大小；

（3）设置 Microsoft Edge 浏览器的初始页面为"www. hao123. com"；

（4）设置 Microsoft Edge 浏览器的下载文件保存位置为 D 盘目录下的文件夹。

要求如下：

（1）熟练掌握 Microsoft Edge 浏览器首页的设置方法；

（2）熟练掌握 Microsoft Edge 浏览器页面大小的调整方法。

四、实验心得

实验三 WWW 冲浪和信息搜索

> 通过熟悉 Microsoft Edge 浏览器的基本功能，掌握信息搜索的使用方法，学会熟练上网以及准确获取信息的基本操作技能。

一、实验案例

使用 Microsoft Edge 浏览器和搜索引擎，完成下列实验：

（1）找到新浪门户网站，通过页面链接访问"新闻"；

（2）使用百度搜索引擎查找"冯·诺依曼"的图片并另存到"下载"文件夹中。

二、实验指导

下面就以上案例中涉及的知识点和实现步骤进行说明。

1. 主要知识点

本次实验主要包括以下知识点：

（1）利用 WWW 上网；

（2）将网页添加到收藏夹中；

（3）将网页另存到文件夹中；

（4）使用搜索引擎搜索图片。

2. 实现步骤

1）启动 Microsoft Edge 浏览器

WWW 是 World Wide Web 的简称，也就是我们俗称的万维网，我们可以利用 WWW 的链接来访问其他网页。首先打开 Microsoft Edge 浏览器，单击位于其上方的地址栏，将其中的内容完全删除，输入"www.baidu.com"，可以看到网址的前缀即是"www"，之后按下〈Enter〉键进入百度首页，如果在上个实验中已经将首页设置为百度，则可以输入其他的网址用作实验。

2）将百度网站加入收藏夹

在 Microsoft Edge 浏览器中打开百度网站后，单击位于网页地址栏最右侧的 ☆ 图标（该图标代表"收藏"命令），出现如图 3-10 所示的对话框。单击"添加"按钮就完成了收藏。下次如果再想进入百度网页就可以直接单击"收藏"图标右边的 ☆ 图标，就可以打开收藏夹，之后单击收藏的网站即可打开该网站。

3）保存网页

在 Microsoft Edge 浏览器中打开百度网页后，按照之前的实验步骤进入设置页面，单击"导入或导出"按钮，该按钮位于"转移收藏夹和其他信息"下，如图 3-11 所示；之后进入"导入或导出"菜单，在该菜单界面单击"导出到文件"按钮，在弹出的"选择文件夹"对话框中选择你想要保存网页的位置，单击"保存"按钮后即可导出网页。

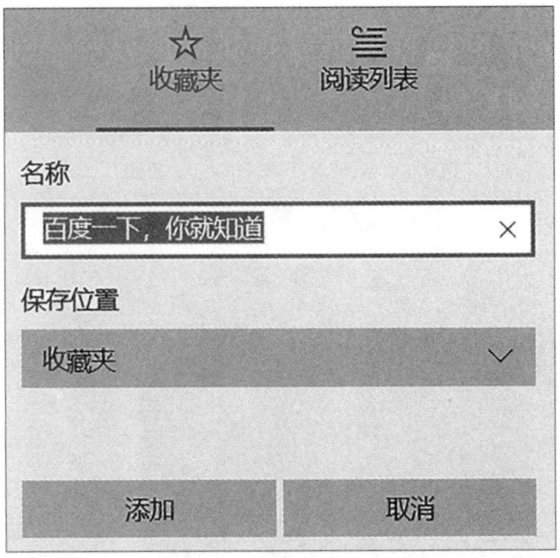

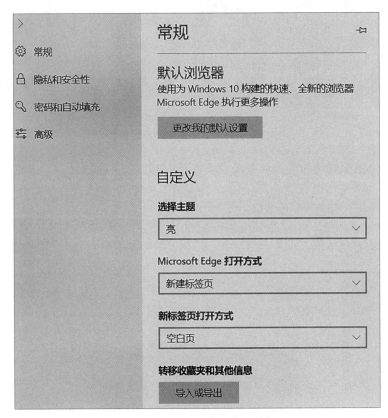

图 3-10 添加收藏

图 3-11 "导入或导出" 按钮

4）使用百度搜索引擎查找并下载图片

回到百度网站首页，在搜索栏中输入关键字"冯·诺依曼"，单击"百度一下"按钮进入搜索页面，这时我们发现有许多相关的搜索项，但并不都是图片；此时我们继续单击位于搜索栏下面的"图片"，打开百度图片搜索引擎，这时我们就进入了百度图片中，如图 3-12 所示。

图 3-12　冯·诺依曼图片搜索结果

　　单击其中一张你喜欢的图片，进入单独查看页面，右击该图片，在弹出的快捷菜单中选择"将图片另存为"命令，在弹出的"另存为"对话框中选择你想要保存的位置即可把该图片存在此处，如图 3-13 所示。

图 3-13　保存图片至文件夹

三、实验体验

访问"百度文库"网站，并在网站上搜索与专业相关的文档；使用百度搜索引擎"地图"功能，查看你所在的地理位置。要求如下：

（1）理解超文本标记语言、网页、超链接、URL 等基本概念；

（2）掌握 Microsoft Edge 浏览器的使用方法；

（3）学会使用搜索引擎。

四、实验心得

实验四　收发电子邮件

通过基于 Web 方式在网易邮箱中收发电子邮件，熟练掌握设置邮箱和收发电子邮件的方法。

一、实验案例

使用 Web 方式在网易邮箱中收发电子邮件。

二、实验指导

下面就以上案例中涉及的知识点和实现步骤进行说明。

1. 主要知识点

本次实验主要包括以下知识点：

（1）网易邮箱的注册申请；

（2）Web 方式收发电子邮件。

2. 实现步骤

（1）在网易上申请一个免费的电子邮箱，启动 Microsoft Edge 浏览器并在网址栏中输入"http://mail.163.com/"，显示的页面如图 3-14 所示。

图 3-14　网易"163"首页

（2）单击"注册网易邮箱"按钮，进入网易免费邮箱注册服务页面，如图 3-15 所示，填写相关信息，单击"立即注册"按钮，就会看到注册成功页面，如果需要进行验证则完成验证步骤后即可注册成功。

图 3-15　网易免费邮箱注册服务页面

（3）注册完后进入个人邮箱的主页面，单击左上方的"写信"按钮，打开写新邮件的页面，在"收件人"文本框中输入朋友的电子邮件地址，在"主题"文本框中输入内容，单击"发送"按钮就可以发出电子邮件，如图 3-16 所示。

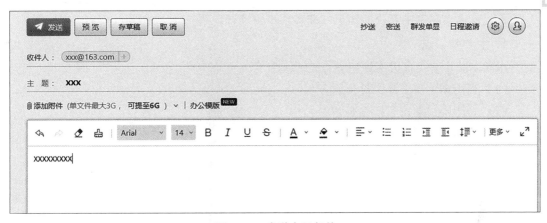

图 3-16　发送电子邮件

三、实验体验

在网易上为自己注册一个免费电子邮箱帐号，并采用 Web 的方式给同学发送一封电子邮件，并收取电子邮件。要求如下：

（1）熟练使用 Web 的申请邮箱功能；

（2）熟练使用 Web 邮箱收发电子邮件。

四、实验心得

实验五　文件的上传与下载

　　通过利用百度搜索引擎搜索软件资源并下载，再使用网易邮箱上传文件以了解上传资源的基本操作，熟练掌握文件的上传与下载技能。

一、实验案例

使用 Microsoft Edge 浏览器以及百度搜索引擎完成以下实验：

（1）搜索并下载"金山打字通 2016"；

（2）使用网易邮箱上传一张图片，并将其以电子邮件的形式发送给其他同学。

二、实验指导

下面就以上案例中涉及的知识点和实现步骤进行说明。

1. 主要知识点

本次实验主要包括以下知识点：

（1）利用浏览器下载文件资源；

（2）利用邮箱上传文件资源。

2. 实现步骤

1）下载文件资源

（1）启动 Microsoft Edge 浏览器并在网址栏中输入"www.baidu.com"并按下〈Enter〉键，进入百度首页。在搜索栏中输入"金山打字通 2016"，并单击"百度一下"按钮，即可看到搜索结果。

（2）单击出现的第一个搜索结果进入网站中，一般而言搜索出来的结果会混杂着很多无用的网站，如果搜索结果网站的右下角没有标注"广告"属性，则一般越靠前的搜索结果越精确。之后单击"免费下载"按钮，在浏览器下方弹出来的下拉列表中单击"保存"按钮右边的 ^ 符号，在弹出的列表框中选择"另存为"，将文件保存到你所想保存的位置即可开始下载，如图 3-17 所示。

（3）下载之后可以单击 Microsoft Edge 浏览器右上角的 ⋯ 图标，在弹出的菜单中选择"下载"命令，在这里可以看到之前下载的文件，如图 3-18 所示。下载文件时需要注意文件的扩展名，有部分文件扩展名不符合常理的可能是垃圾文件，如果我们下载的安装程序是应用程序，则其扩展名是".exe"。

2）上传文件资源

（1）上传文件资源并不是浏览器自带的功能，但有些时候需要在网上分享资源，因此一些网站提供了上传文件的功能。启动 Microsoft Edge 浏览器并在网址栏中输入"http://mail.163.com/"，进入网易邮箱首页，利用上个实验注册的邮箱账号登录，进入自己的邮箱，单击"写信"按钮。

（2）在"主题"下方有"添加附件"按钮，单击它会弹出一个"选择文件"对话

图 3-17　下载"金山打字通 2016"

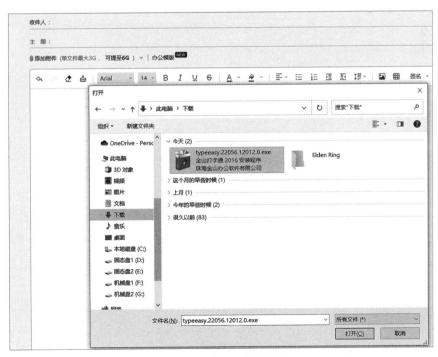

图 3-18　下载页面

框，此时选择你想要添加的附件，双击它即可开始上传文件，如图 3-19 所示，这里我们以刚刚下载的"金山打字通 2016"安装程序作为样例。

图 3-19　选择上传的文件

（3）之后便可看到上传的进度，如图3-20所示，需要注意的是，每次上传的文件都有大小限制，该限制具体根据网站不同而改变，上传完成后发送电子邮件即可把上传的文件发送给收件人。

图 3-20　上传文件

三、实验体验

在百度上搜索"酷狗音乐"并下载它的安装包，之后利用网易邮箱将其发送给其他同学。要求如下：

（1）熟练掌握在 Web 上检索及下载文件的操作；

（2）熟练掌握在 Web 上上传文件的操作。

四、实验心得

自测题

一、单项选择题（每题 2 分，共 50 分）

1. HTTP 是（ ）。

A. 用户数据报协议   B. 邮件传输协议

C. 远程登录协议   D. 超文本传输协议

2. 下列（ ）不是组建局域网常用的设备。

A. 交换机   B. 网络适配器   C. 双绞线   D. 调制解调器

3. 下列（ ）是进行邮件传输的。

A. SMTP   B. UDP   C. TCP   D. IP

4. 在浏览器中，可以通过统一资源定位符（ ）访问网上资源。

A. HTML   B. HTTP   C. CGI   D. URL

5. 某用户的 E-mail 地址为 zhouzhou@ whu. edu. cn，则该用户的用户名是（ ）。

A. zhouzhou   B. whu   C. edu   D. cn

6. 计算机网络中广泛使用的交换技术是（ ）。

A. 分组交换   B. 报文交换   C. 信元交换   D. 电路交换

7. 域名服务器上存放 Internet 主机的（ ）。

A. 域名   B. IP 地址

C. 域名和 IP 地址   D. 域名和 IP 地址对照表

8. 以下关于 IP 说法正确的是（ ）。

A. 具有流量控制功能   B. 提供可靠的服务

C. 提供无连接的服务   D. 具有延时控制功能

9. 以下（ ）是物理层的互连设备。

A. 中继器   B. 路由器   C. 交换机   D. 网桥

10. 网络中使用的设备 HUB 又称（ ）。

A. 集线器   B. 路由器   C. 交换机   D. 网关

11. 一个 C 类网络中最多可以连接（ ）台计算机。

A. 126   B. 254   C. 255   D. 256

12. 子网掩码是一个（ ）位二进制字符串。

A. 16   B. 32   C. 2   D. 64

13. 以下说法错误的是（ ）。

A. IP 地址的前 14 位为网络地址

B. B 类 IP 地址的第一位为 1，第二位为 0

C. B 类 IP 地址的第一个整数值在 128~191 之间

D. 共有 2^{14} 个 B 类网络

14. 发送电子邮件时，将用到（　　　）。

A. POP3 协议　　　　B. TCP/IP　　　　C. SMTP　　　　D. IPX 协议

15. 计算机网络分为有线网络和无线网络的分类依据是（　　　）。

A. 网络的地理位置　　　　　　　　B. 网络的传输介质

C. 网络的拓扑结构　　　　　　　　D. 网络的成本价格

16. 不属于顶级域名的是（　　　）。

A. com　　　　B. cn　　　　C. us　　　　D. yale. edu

17. 根据计算机网络的覆盖范围，可以把网络分为三大类，不属于其中的是（　　　）。

A. 局域网　　　　B. 城域网　　　　C. 广域网　　　　D. 宽带网

18. 在 Internet 域名中，代表计算机所在国家或地区的符号"cn"是指（　　　）。

A. 中国　　　　B. 美国　　　　C. 英国　　　　D. 加拿大

19. 以下 IP 地址中，属于 C 类地址的是（　　　）。

A. 126. 1. 1. 10　　B. 129. 7. 8. 35　　C. 202. 114. 66. 3　　D. 225. 8. 8. 9

20. Internet 的组织性顶级域名中，域名缩写 com 是指（　　　）。

A. 教育系统　　　　B. 政府机关　　　　C. 商业系统　　　　D. 军队系统

21. 按通信距离进行划分，计算机网络可以被分为局域网、城域网和（　　　）。

A. 广域网　　　　B. 国域网　　　　C. 互联网　　　　D. 以太网

22. WWW 是（　　　）。

A. 万维网的缩写　　　　　　　　B. 域名管理系统

C. 一个网页的网址　　　　　　　　D. 用户之间传送文件的 FTP

23. C 类地址的子网掩码为（　　　）。

A. 255. 0. 0. 0　　　　　　　　B. 255. 255. 255. 0

C. 255. 255. 0. 0　　　　　　　　D. 255. 255. 255. 255

24. 典型的电子邮件地址一般由（　　　）和主机域名组成。

A. 帐号　　　　B. 昵称　　　　C. 用户名　　　　D. IP 地址

25. 下面哪个选项不是计算机病毒的特点（　　　）。

A. 破坏性　　　　B. 传染性　　　　C. 自愈性　　　　D. 隐蔽性

二、填空题（每题 1.5 分，共 15 分）

1. 局域网通常采用的拓扑结构是星形结构、环形结构和_____3 种结构。

2. B 类地址中用_____位来标识网络中的一台主机。

3. OSI 参考模型将计算机网络体系结构的通信协议规定为_____个层次。

4. 在 Internet 中，远程登录服务的缩写是_____。

5. 在 TCP/IP 中，_____层的主要任务是透明地传输比特流。

6. _____完成域名地址和 IP 地址之间的映射变换。

7. 在 TCP/IP 中，利用_____来区分 IP 地址的网络地址部分和主机地址部分。

8. IP 地址 194. 10. 8. 119 属于_____地址。

9. 如果一台主机的 IP 地址为 202. 68. 1. 110，子网掩码为 255. 255. 255. 128，那么主机所在网络的网络号占 IP 地址的_____位。

10. 在 TCP/IP 中，SMTP 的默认服务端口是_____ 。

三、判断题（每题 1 分，共 10 分，正确的打"√"，错误的打"×"）

（　　） 1. 计算机网络中，资源子网负责数据处理和通信处理的工作。

（　　） 2. 中国正式加入 Internet 的时间是 2014 年。

（　　） 3. 为了使用 Internet 提供的服务，必须采用 HTTP。

（　　） 4. 网关工作在网络层。

（　　） 5. 在局域网中，计算机只能共享软件资源，不能共享硬件资源。

（　　） 6. 电子邮件是通过网络实时交互的信息传递方式。

（　　） 7. 在 TCP/IP 中，流量控制是传输层 TCP 的主要功能之一。

（　　） 8. 有了防火墙就永远不会感染计算机病毒。

（　　） 9. IPv4 中的 IP 地址长度为 32 位。

（　　） 10. 在路由器互联的多个局域网中，通常每个局域网的数据链路层协议和物理层协议都可以不相同。

四、简答题（每题 5 分，共 25 分）

1. 计算机网络的拓扑结构有几种？

2. 常见的通信介质可以被分为哪几类？

3. IP 地址的含义及格式是什么，为什么要使用 IP 地址？

4. IP 地址有几种类型，每种类型的子网掩码是什么？

5. 简述电子邮件从撰写到收件人阅览的整个过程，假定收件服务器所使用的是 POP3 协议。

第四章

文档处理软件——Word 2016

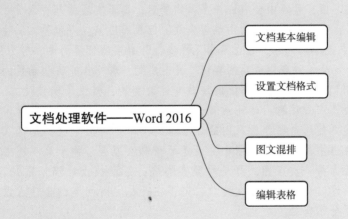

实验一　文档基本编辑

通过创建一个 Word 文档，读者可了解 Word 2016 的工作界面及操作环境，掌握 Word 2016 的启动与退出，学会新建 Word 文档、在文档中输入文字、保存文档、关闭文档等方法。

一、实验案例

（1）创建一个 Word 文档，将文档保存在 D 盘的"files"文件夹中，文件名为"word. docx"。

（2）输入下面方框内的文本。

活出精彩　搏出人声

人声在世，需要去拼搏。也许在最后不会达到我们一开始所设想的目标，也许不能够如愿以偿。但，人声中会有许许多多的梦想，真正实现的却少之又少。我们在追求梦想的时候，肯定会有很多的困难与失败，但我们应该以一颗平常心去看待我们的失利。"人声岂能尽如人意，在世只求无愧我心"只要我们尽力的、努力的、坚持的、去做，我们不仅会感到取得成功的喜悦，还会感到一种叫作充实和满足的东西。

"记住该记住的，忘记该忘记的。改变能改变的，接受不能接受的。"有机会就拼搏，没机会就安心休息。趁还活着，快去拼搏人声，需要学会坚强。生活处处有阳光，但阳光之前总是要经历风雨的。小草的生命是那么卑微，是那么的脆弱，但是小草在人声当中并未卑微、弱小，而是显得那么坚强。种子第一次播种，那是希望在发芽；圣火第一次点燃，那是希望在燃烧；荒漠披上绿洲，富饶代替了贫瘠，天堑变成了通途。这都是希望在绽放，坚强在开花。时间真的会让人改变，在成长中，我终于学会了坚强。

（3）将文中所有错词"人声"替换为"人生"；

（4）保存文档并退出 Word。

二、实验指导

下面就以上案例中涉及的知识点和实现步骤进行说明。

1. 主要知识点

本次实验主要包括以下知识点：

（1）新建、保存、关闭 Word 文档；

（2）掌握文字编辑的基本操作，包括输入、选定、复制、粘贴、查找、替换等。

2. 实现步骤

1）新建文档

启动 Word 2016 程序后即进入新建页面，在其中单击"空白文档"，系统自动创建一个名为"文档1"的空白文档。

2）保存文档

方法1：单击快速访问工具栏中的"保存"按钮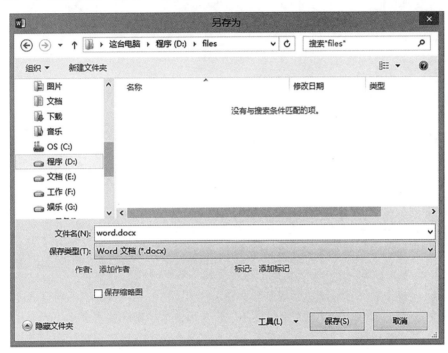。

方法2：按组合键〈Ctrl+S〉。

方法3：单击"文件"按钮，在后台视图中单击"保存"按钮，在后台视图的"另存为"下方单击"浏览"按钮。

以上3种方法任选其一后，在弹出的"另存为"对话框中，如图4-1所示，设置文档的保存路径"D：\files"（确保在 D 盘下已经存在"files"文件夹），输入文件名"word.docx"，然后单击"保存"按钮。

图4-1 "另存为"对话框

3）输入文字

输入方框内的文本。输入文本时，文中的标点符号是在中文输入状态下输入。每个自然段结束后，按〈Enter〉键，进入下一个自然段进行输入。在输入文字过程中，注意随时保存文档。

4）查找与替换

将光标定位于文档任意位置。在"开始"选项卡下的"编辑"组中，单击"替换"按钮，打开"查找和替换"对话框，如图4-2所示。在"查找内容"文本框内，输入"人声"。将光标定位于"替换为"文本框内，输入"人生"，单击"全部替换"按钮。

5）关闭文档

单击"文件"按钮，打开后台视图，选择"关闭"命令；或单击窗口右上角的"关闭"按钮，则当前文档被关闭。

65

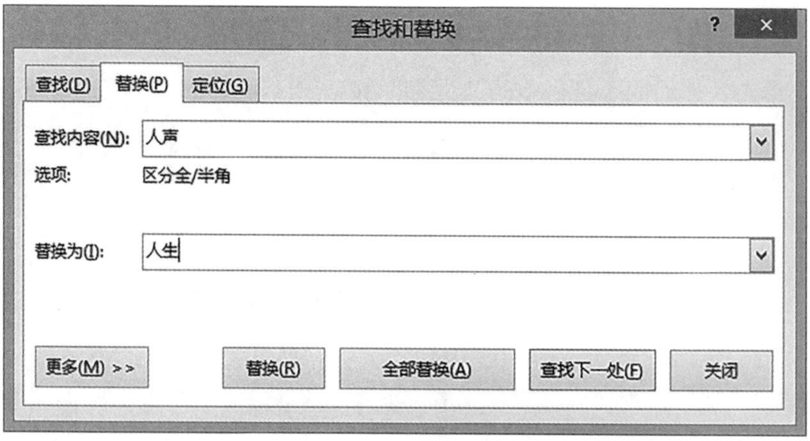

图 4-2　"查找和替换"对话框

三、实验体验

（1）新建一个 Word 文档，保存至 D 盘的"files"文件夹中，文件名为"word1. docx"。

（2）将下列方框内的文本输入 Word 文档中并保存。

声明科学是中国发展的机遇

　　新华网北京 10 月 28 日电　在可预见的未来，信息技术和声明科学将是世界科技中最活跃的两个领域，两者在未来有交叉融合的趋势。两者相比，方兴未艾的声明科学对于像中国这样的发展中国家而言机遇更大一些。这是正在这里访问的英国《自然》杂志主编菲利普-坎贝尔博士在接受新华社记者采访时说的话。

　　坎贝尔博士就世界科技发展趋势发表看法，从更广的视野看，声明科学处于刚刚起步阶段，人类基因组图谱刚刚绘制成功，转基因技术和克隆技术也刚刚取得实质性突破，因而在这一领域存在大量的课题，世界各国在这一领域的研究水平相差并不悬殊，这对于像中国这样有一定科研基础的发展中国家而言，意味着巨大的机遇。

　　他认为，从原则上说，未来对声明科学的研究方法应当是西方科学方法与中国古代科学方法的结合，中国古代科学方法重视从宏观、整体、系统角度研究问题，其代表的是中医的研究方法，这种方法值得进一步研究和学习。

（3）将文中所有错词"声明科学"替换为"生命科学"。

（4）保存并关闭文档。

四、实验心得

实验二　设置文档格式

> 通过对"实验一"中文档的编辑，掌握在 Word 2016 中设置文档格式的基本方法，包括字体格式、段落格式、页面设置等。

一、实验案例

（1）打开在"实验一"中创建的 Word 文档"word.docx"，将标题"活出精彩　搏出人生"应用"标题 1"样式，并设置为小三号、隶书、段前段后间距均为 6 磅、单倍行距、居中；标题字体颜色设为"橙色，个性色 6，深色 50%"；文本效果设为"映像/映像变体/紧密映像，4 pt 偏移量"；修改标题阴影效果为"内部/内部右上角"。

（2）设置纸张方向为"横向"；设置页边距为上下各 3 厘米，左右各 2.5 厘米，装订线位于左侧 3 厘米处，页眉页脚各距边界 2 厘米，每页 24 行。

（3）将正文"人生在世，需要去……我终于学会了坚强。"设置为小四号、楷体；首行缩进 2 字符，行间距为 1.15 倍；分为等宽的 2 栏、栏宽为 28 字符，并添加分隔线；将文本"记住该记住的，忘记该忘记的。改变能改变的，接受不能接受的。"设置为黄色突出显示。

二、实验指导

下面就以上案例中涉及的知识点和实现步骤进行说明。

1. 主要知识点

本次实验主要包括以下知识点：

（1）字体格式设置，包括字体、字号、加粗、倾斜、颜色、文本效果、突出显示等；

（2）段落格式设置，包括对齐方式、缩进、段落间距、行间距等；

（3）页面设置，包括页边距、纸张方向、版式、文档网格、分栏等。

2. 实现步骤

1）设置标题的格式。

（1）将光标定位于文档标题"活出精彩　搏出人生"所在行，在"开始"选项卡"样式"组的样式库中，单击"标题 1"样式，如图 4-3 所示。

图 4-3　应用样式库中的样式

（2）选中文档标题"活出精彩　搏出人生"，在"字体"组的"字号"下拉列表内选择"小三"；在"字体"下拉列表中选择"隶书"，如图 4-4 所示。

图 4-4　更改文字的字体与字号

（3）单击"段落"组右下方的"对话框启动器"按钮，打开"段落"对话框，在"间距"选项区域下的"段前"和"段后"文本框内均输入"6 磅"；"行距"下拉列表中选择"单倍行距"。"常规"选项区域下的"对齐方式"下拉列表中选择"居中"。单击对话框右下方的"确定"按钮，完成标题段落格式的设定，如图 4-5 所示。

图 4-5　设置标题段落格式

（4）单击"字体"组中的"字体颜色"下拉按钮，在下拉列表中选择"橙色，个性色 6，深色 50%"，如图 4-6 所示。

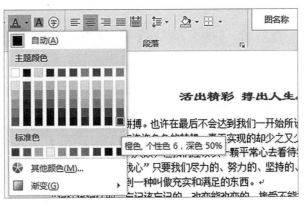

图 4-6　设置文字颜色

（5）单击"字体"组中的"文本效果和版式"下拉按钮，在下拉列表中选择"映像"，在出现的子列表中选择"映像变体"下的"紧密映像，4 pt 偏移量"，如图 4-7所示。

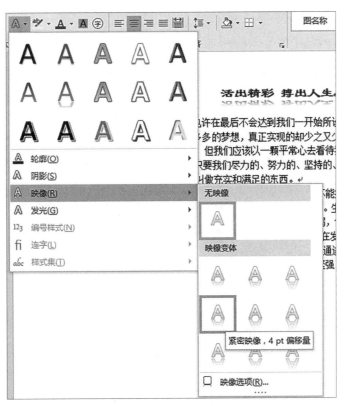

图 4-7　设置文本映像效果

再次单击"字体"组中的"文本效果和版式"下拉按钮，在下拉列表中选择"阴影"，在出现的子列表中选择"内部"下的"内部右上角"，如图 4-8 所示。

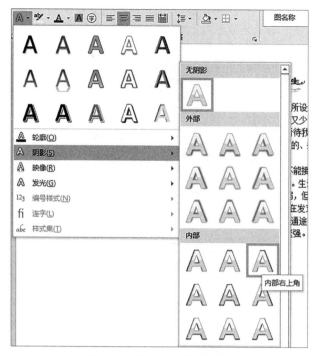

图4-8　设置文本阴影效果

2）页面设置

单击"布局"选项卡"页面设置"组的"对话框启动器"按钮，弹出"页面设置"对话框，如图4-9所示，在"页边距"选项卡中，将上下页边距设为"3厘米"，左右页边距设为"2.5厘米"，"装订线位置"设为"左"，"装订线"设为"3厘米"，"纸张方向"设为"横向"；切换到"版式"选项卡，将距边界页眉和页脚均设为"2厘米"；切换到"文档网格"选项卡，将行数设为每页24行。单击"确定"按钮，完成页面设置。

图4-9　"页面设置"对话框

3）正文格式设置

（1）选中正文文字，参照前面对标题文字的字体格式设置方法，将字号设置为"小四"，字体设置为"楷体"。

（2）单击"段落"组右下方的"对话框启动器"按钮 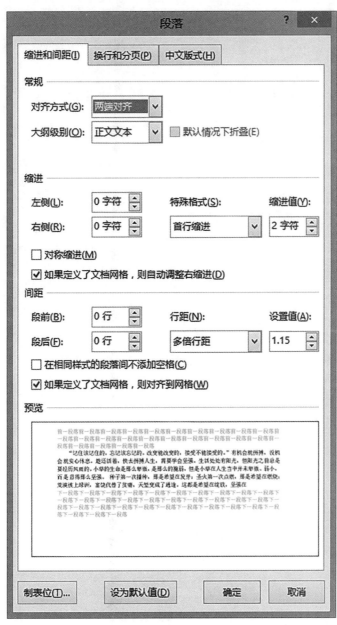，打开"段落"对话框，在"缩进"选项区域下的"特殊格式"下拉列表中选择"首行缩进"，"缩进值"设为"2字符"；在"间距"选项区域下的"行距"下拉列表中选择"多倍行距"，"设置值"设为"1.15"。单击"确定"按钮完成设置，如图4-10所示。

图4-10　设置正文段落格式

（3）选中正文文字（注意不要选中第2段文字末尾的段落标记），在"布局"选项卡的"页面设置"组中，单击"分栏"下拉按钮，在弹出的下拉列表中选择"更多分栏"，弹出"分栏"对话框，如图 4-11 所示，将"栏数"设为"2"，栏的宽度设为"28 字符"，勾选"栏宽相等"复选按钮与"分隔线"复选按钮。单击"确定"按钮完成设置。

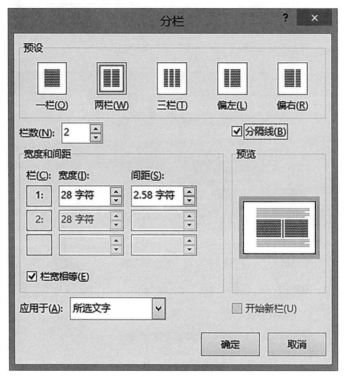

图 4-11   "分栏"对话框

（4）选中文字"记住该记住的，忘记该忘记的。改变能改变的，接受不能接受的。"单击"开始"选项卡"字体"组中的"以不同颜色突出显示文本"下拉按钮，在弹出的下拉列表中选择"黄色"，如图 4-12 所示。

图 4-12   以不同颜色突出显示文本

保存文档，最终效果如图 4-13 所示。

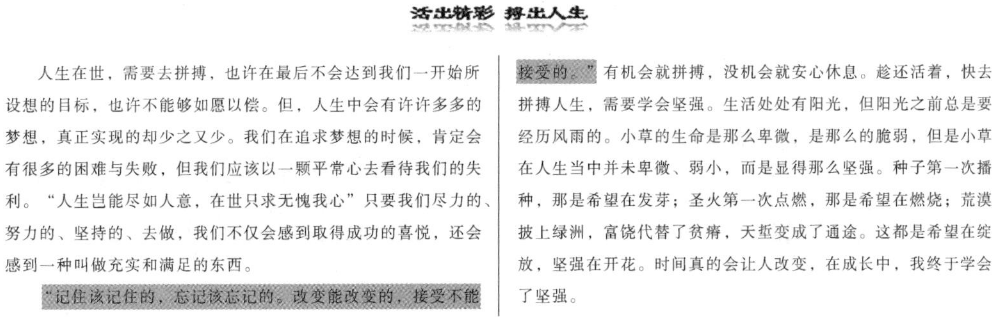

活出精彩 拼出人生

人生在世，需要去拼搏，也许在最后不会达到我们一开始所设想的目标，也许不能够如愿以偿。但，人生中会有许许多多的梦想，真正实现的却少之又少。我们在追求梦想的时候，肯定会有很多的困难与失败，但我们应该以一颗平常心去看待我们的失利。"人生岂能尽如人意，在世只求无愧我心"只要我们尽力的、努力的、坚持的、去做，我们不仅会感到取得成功的喜悦，还会感到一种叫做充实和满足的东西。

记住该记住的，忘记该忘记的。改变能改变的，接受不能接受的。" 有机会就拼搏，没机会就安心休息。趁还活着，快去拼搏人生，需要学会坚强。生活处处有阳光，但阳光之前总是要经历风雨的。小草的生命是那么卑微，是那么的脆弱，但是小草在人生当中并未卑微、弱小，而是显得那么坚强。种子第一次播种，那是希望在发芽；圣火第一次点燃，那是希望在燃烧；荒漠披上绿洲，富饶代替了贫瘠，天堑变成了通途。这都是希望在绽放，坚强在开花。时间真的会让人改变，在成长中，我终于学会了坚强。

图 4-13 实验案例二效果

三、实验体验

（1）打开在"实验一"中"实验体验"创建的 Word 文档"word1.docx"，设置文档页面的纸张大小为"18 厘米×26 厘米"（宽度×高度）、上下页边距各为"3 厘米"。

（2）将标题段文字"生命科学是中国发展的机遇"设置为"二号、蓝色（标准色）、黑体、居中对齐、段后间距 1 行"，并将字体颜色的渐变方式设置为"变体/线性向下"；为标题段文字添加黄色（标准色）底纹。

（3）设置正文各段落"新华网北京……研究和学习。"的字体格式为四号宋体，段落格式为 1.2 倍行距、段前间距 0.5 行；设置正文第 1 段"新华网北京……采访时说的话。"首字下沉 2 行（距正文 0.2 厘米），其余段落"坎贝尔博士……研究和学习。"首行缩进 2字符；将正文第 2 段"坎贝尔博士…机遇。"分为等宽的两栏，栏间添加分隔线。

（4）（选做）为文档添加内容为"科技知识"的文字水印，水印字体为微软雅黑、颜色为红色（标准色）；为页面添加 30 磅宽红效果样式的艺术型边框，清除默认的页眉线。

四、实验心得

实验三　图文混排

通过对"武汉特色小吃介绍"文档的编辑，读者对使用 Word 2016 制作图文并茂的作品会有更全面的认识，基本掌握图文混排的方法。

一、实验案例

（1）新建一个 Word 文档，内容如下，将文档保存在 D 盘的"files"文件夹中，文件名为"武汉特色小吃介绍 . docx"。

武汉特色小吃介绍

武汉是一座历史悠久而又富有光荣革命传统的城市。经古代文明孕育，至东汉末年时，龟山、蛇山筑有军事城堡，奠定了汉阳、武昌城市的基础。至明成化年间，汉口镇开始形成，遂完成三镇鼎立格局，并以其优越的地理条件和独特的经济地位蜚声国内外。又经近代风云激荡，武汉数度成为全国政治、军事、文化中心，在中国革命史上写下了光辉灿烂的篇章。江城胜景、楚风汉韵，源远流长；山水风光、人文景观，美不胜收。而武汉美食也是天下一绝。

武汉特色小吃 1：蔡林记热干面

特点：爽滑筋道，黄而油润，香而鲜美。

蔡林记热干面，爽滑筋道，黄而油润，香而鲜美，未食而乡情浓浓，诱人食欲；食之则香飘四溢，回味无穷。蔡林记热干面深受广大市民的赞赏，一直享有中华名优小吃的美誉。武汉蔡林记热干面与山西刀削面、两广伊府面、四川担担面、北方炸酱面并称为我国的"五大名面"。

武汉特色小吃 2：老通城豆皮

特点：色泽金黄透亮，皮薄，糯米软润爽口，滋味鲜美；瘦肉、香菇、冬笋、蛋皮、葱花等混合在一起，口感丰富。

豆皮是一种湖北武汉的著名民间小吃，多作为早餐，一般在街头巷尾各早餐摊位供应。中午或晚上在一些特殊的餐厅或老字号饭店也有提供。最以豆皮著名的是位于武汉市中山大道的"老通城"，其制作的豆皮在武汉市市民中有很好的口碑。

……

武汉小吃还有炸油饼、油条、蒸饺、煎包、酱肉包子、欢喜坨、年糕、糯米包、米酒、四季美汤包、谈炎记水饺、武汉面窝、黄州烧梅、东坡饼、江陵八宝饭、云梦鱼面、武汉猪肉干、武汉香肠、武汉肉枣、猪油饽饽、麻烘糕、莲藕糯米粥、炖莲子、炒良乡栗子、冲糯米粉、武汉酸白菜、咸酥饼等。

（2）将文档页面背景设置为"羊皮纸"填充效果。

（3）将标题"武汉特色小吃介绍"设置为艺术字，并设置适当的艺术字效果。

（4）将正文第 2 段和第 5 段文字居中，设置为黑体、四号字、加粗；其余正文设为 1.5 倍行距，文字设为宋体、小四号，首行缩进 2 字符。

（5）在正文第 1 段文字后，插入两幅图片，并排显示，并选择合适的图片样式。

（6）在正文第 3、4、6、7 段前添加项目符号。

（7）将正文第 4 段和第 7 段文字（关于热干面与豆皮的具体介绍）设为两栏显示，并插入图片，采用"紧密型环绕"，旋转合适角度，套用合适样式。

（8）保存文档。

二、实验指导

下面就以上案例中涉及的知识点和实现步骤进行说明。

1. 主要知识点

本次实验主要包括以下知识点：

（1）设置页面背景；

（2）艺术字的编辑方法；

（3）图片的插入和编辑方法；

（4）图文混排；

（5）创建项目符号。

2. 实现步骤

1）新建文档

新建 Word 文档，输入文字后，按要求保存文档。

2）设置页面背景

在"设计"选项卡的"页面背景"组中，单击"页面颜色"下拉按钮，选择"填充效果"，打开如图 4-14 所示的"填充效果"对话框。切换到"纹理"选项卡，在"纹理"列表中选择第 4 行第 3 列的"羊皮纸"，单击"确定"按钮。

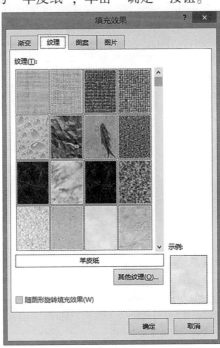

图 4-14　"填充效果"对话框

3）设置艺术字

（1）选中标题文字"武汉特色小吃介绍"，在"插入"选项卡的"文本"组中，单击"艺术字"下拉按钮，选择一个合适的艺术字样式，如"渐变填充-金色，着色4，轮廓-着色4"，即可将选中的文字设为艺术字样式，如图4-15所示。

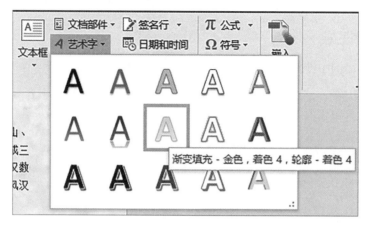

图4-15　将文字设为艺术字样式

注意：若艺术字样式中找不到该样式，可在"设计"选项卡的"文档格式"组中，单击"主题"下拉按钮，在下拉列表中选择"Office"主题。

（2）此时，该行文字成为一个艺术字对象，选中该对象，出现"绘图工具|格式"上下文选项卡，在"排列"组中，单击"环绕文字"下拉按钮，在下拉列表中选择"上下型环绕"，可修改该艺术字对象的环绕文字方式，如图4-16所示。

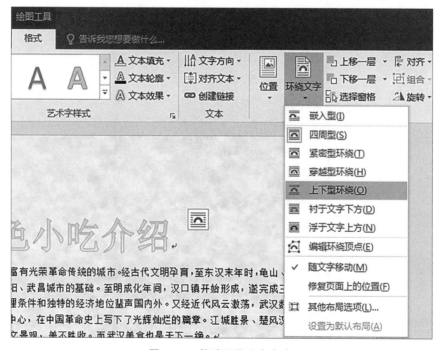

图4-16　修改环绕文字方式

（3）在"开始"选项卡的"字体"组中，将艺术字字体设置为"华文新魏"，字号设置为"48"。

（4）选中艺术字，出现"绘图工具|格式"上下文选项卡，可使用"艺术字样式"组中的命令，对艺术字进行进一步设置。例如在本例中，将"文本填充"设置为标准红色；"文本效果"→"发光"设置为"金色，5 pt 发光，个性色 4"；"文本效果"→"转换"设置为"上弯弧"。

4）设置正文文字格式

（1）选中正文文字，在"开始"选项卡的"字体"组中，将文字设为宋体、小四号，行间距设为 1.5 倍行距。

（2）选中第二段文字"武汉特色小吃 1：蔡林记热干面"（包括段落标记一起选中），在"开始"选项卡的"字体"组中，将其设置为黑体、四号字、加粗、居中。然后单击"剪贴板"组的"格式刷"按钮，将光标变成刷子状后，选中第 5 段文字"武汉特色小吃 2：老通城豆皮"（包括段落标记一起选中），则该段文字可自动复制第 2 段文字的格式。

5）插入图片并设置图片格式

将光标定位于第 1 段末尾，按下〈Enter〉键另起一行，在"插入"选项卡的"插图"组中，单击"图片"按钮，在弹出的"插入图片"对话框中选择对应图片，插入图片到文档中。用同样的方法，插入第 2 张图片。此时，出现"图片工具|格式"上下文选项卡，在"排列"组的"环绕文字"下拉列表中，选择"上下型环绕"。分别选中图片，在"图片样式"列表中选择"柔化边缘椭圆"。适当调整两张图片大小，通过鼠标拖动图片的方法，将两张图片调整至并排显示。

若要精确调整图片大小，则选中图片后，在"图片工具|格式"上下文选项卡的"大小"组中，可对图片的高度和宽度进行设定。

6）创建项目符号

将光标定位于第 3 段文字的任意位置，单击"开始"选项卡"段落"组的"项目符号"下拉按钮 ☰ ·，选择一个合适的项目符号。用同样的方法，为第 4、6、7 段都添加项目符号。

7）分栏与图片设置

（1）选中第 4 段文字（不要选中最后的段落标记），在"布局"选项卡的"页面设置"组中，单击"分栏"按钮，在下拉列表中选择"两栏"。用同样的方法，将第 7 段也设成两栏显示。

（2）将光标定位于第 4 段末尾，插入对应图片。在"图片工具|格式"上下文选项卡中，将图片设置为"紧密型环绕"。

设置"图片样式"为"圆形对角，白色"，适当调整图片大小，用鼠标拖动图片的方法，将图片拖至合适的位置。

选中图片后，图片上方出现旋转手柄，用鼠标拖动该旋转手柄，即可实现图片的旋转，将图片旋转合适角度，以增加文档的美感。

若要精确控制图片的旋转角度，则单击"排列"组中的"旋转"下拉按钮，选择"其他旋转"，在打开的对话框中进行设置。

用同样的方法，在第 7 段插入图片并美化。

8）保存文档

完成上述操作后，保存对文档的修改。一篇图文并茂的精美文档就展现在眼前了，最终效果如图 4-17 所示。

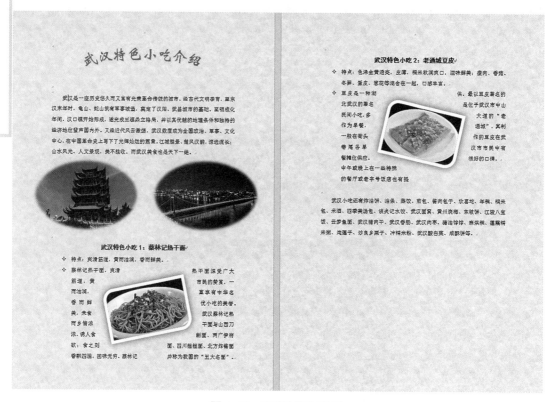

图 4-17　实验案例三效果

三、实验体验

赵静是一名在校大学生，希望在暑假去一家公司实习，为获得难得的实习机会，她打算利用 Word 2016 精心制作一份个人简历（具体文字信息参考教材素材包中的"个人简历素材 . txt"文件），示例样式如"简历参考样式 . jpg"所示。

（1）根据页面布局需要，在适当的位置插入标准色为橙色与白色的两个矩形，其中橙色矩形占满 A4 幅面，文字环绕方式设为"浮于文字上方"，作为简历的背景。

（2）参照示例文件，插入标准色为橙色的圆角矩形，并添加文字"实习经验"，插入 1 个短划线的虚线圆角矩形框。

（3）参照示例文件，插入文本框和文字，并调整文字的字体、字号、位置和颜色。其中"赵静"应为标准色橙色的艺术字，"寻求能够……"文本效果应为跟随路径的"上弯弧"。

（4）根据页面布局需要，插入图片"1 . png"，依据示例样例进行裁剪和调整；然后根据需要插入图片"2 . jpg""3 . jpg""4 . jpg"，并调整图片位置。

（5）参照示例文件，插入 SmartArt 图形，并进行适当编辑。

（6）保存文档。

四、实验心得

实验四　编辑表格

一、实验案例

在"word 实验四文字素材 .docx"基础上，完成表格的相关设置，要求如下。

（1）将文档中的 12 行文字转换为一个 12 行 5 列的表格。

（2）设置表格列宽为 2.5 厘米，行高为 0.5 厘米；将表格第 1 行合并为一个单元格，内容居中；为表格应用样式"网格表 4_着色 2"；设置表格整体居中；将表格第 1 行文字"校运动会奖牌排行榜"设置为小三号、黑体、字间距加宽 1.5 磅。

（3）统计各班金、银、铜牌数量，各类奖牌合计填入相应的行和列。

（4）以金牌为主要关键字、降序，银牌为次要关键字、降序，铜牌为第三关键字、降序，对 9 个班进行排序。

（5）将文档另存为"word4. docx"。

二、实验指导

下面就以上案例中涉及的知识点和实现步骤进行说明。

1. 主要知识点

本次实验主要包括以下知识点：

（1）文字转换成表格；

（2）表格样式、表格格式的编辑；

（3）表格数据的简单统计；

（4）表格数据的排序。

2. 实现步骤

1）将文本转换成表格

（1）在"开始"选项卡的"段落"组中，单击"显示/隐藏编辑标记"按钮 ，使其成为深灰色选中状态。观察素材中的文字，即将要生成表格的每列数据之间是否使用了统一的分隔符，可以看出该文档中都使用了空格作为分隔符，因此无须调整。

如果分隔符不统一，如部分用了空格、部分用了 Tab 制表符，则最好先把分隔符调整一致，再进行文本转换。

（2）选中要转换成表格的文字，在"插入"选项卡的"表格"组中，单击"表格"下拉按钮，在下拉列表中选择"文本转换成表格"选项，如图 4-18 所示。

在打开的"将文字转换成表格"对话框中，将"文字分隔位置"设为"空格"，系统会自动按空格调整表格的列数，如图 4-19 所示。单击"确定"按钮，文字即可转换为 12 行 5 列的表格。

2）编辑表格格式

（1）选中表格，在"表格工具|布局"上下文选项卡的"单元格大小"组中，将表格列宽设为"2.5 厘米"，行高设为"0.5 厘米"，如图 4-20 所示。

图 4-18 选择"文本转换成表格"选项

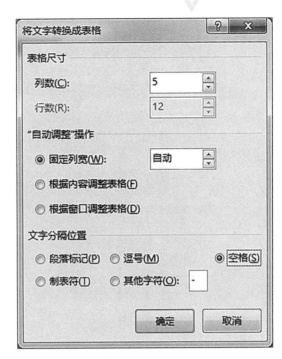

图 4-19 "将文字转换成表格"对话框

（2）选中表格的第 1 行，在"表格工具|布局"上下文选项卡的"合并"组中，单击"合并单元格"按钮，即可将表格第 1 行合并为一个单元格。在"对齐方式"组中，单击"水平居中"按钮，如图 4-21 所示，将第 1 行文字居中。

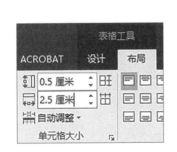

图 4-20 设置表格的行高与列宽

图 4-21 设置表格内容的对齐方式

（3）选中整个表格，在"表格工具|设计"上下文选项卡的"表格样式"组中，单击表格样式库的下拉按钮，在其中选择"网格表 4-着色 2"样式，如图 4-22 所示。

（4）选中表格，在"开始"选项卡的"段落"组中，单击"居中"按钮。

（5）选中表格第 1 行文字，在"开始"选项卡的"字体"组中，将字号设为"小三"，字体设为"黑体"。单击"字体"组"对话框启动器"按钮，打开"字体"对话框，在"高级"选项卡下，将"字符间距"选项区域下的"间距"设为"加宽"，"磅值"设为"1.5 磅"，如图 4-23 所示，单击"确定"按钮。

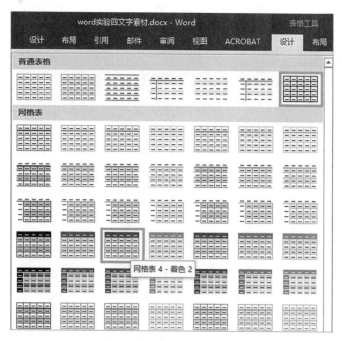

图 4-22　应用表格样式

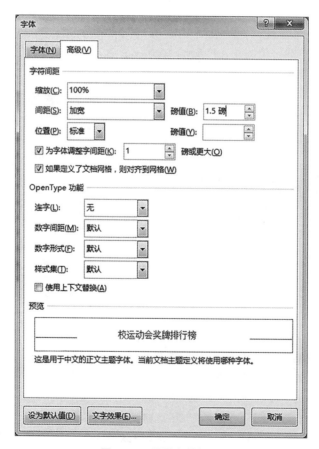

图 4-23　设置字符间距

3）表格数据统计

（1）将光标定位于表格第3行最后一个单元格，在"表格工具|布局"上下文选项卡的"数据"组中，单击"*fx*公式"按钮，打开"公式"对话框，在"公式"文本框中输入"=SUM（LEFT）"，表示对当前行左边列的数据求和，如图4-24所示。单击"确定"按钮，则商务1班的奖牌合计数量会自动计算出来。

图4-24　"公式"对话框

用类似的方法，将各班的奖牌合计都用公式设置好。

（2）将光标定位于表格最后一行的奖牌合计对应的单元格中，打开"公式"对话框，在"公式"文本框中输入"=SUM（ABOVE）"，表示对该行之上对应列的数据求和，如图4-25所示。单击"确定"按钮，即可完成奖牌总数的合计。

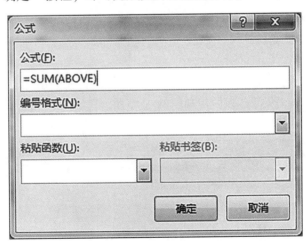

图4-25　计算奖牌合计

用类似的方法，将最后一行后面的几个单元格都用公式设置好。

4）表格数据的排序

选中表格的第2~11行（即不包含首尾两行），在"表格工具|布局"上下文选项卡的"数据"组中，单击"排序"按钮，打开"排序"对话框。在"列表"选项区域下点选"有标题行"单选按钮；将"主要关键字"设置为"金牌"，点选"降序"单选按钮；将

"次要关键字"设置为"银牌",点选"降序"单选按钮;将"第三关键字"设置为"铜牌",点选"降序"单选按钮,如图 4-26 所示。单击"确定"按钮,即可完成对表格数据的排序。

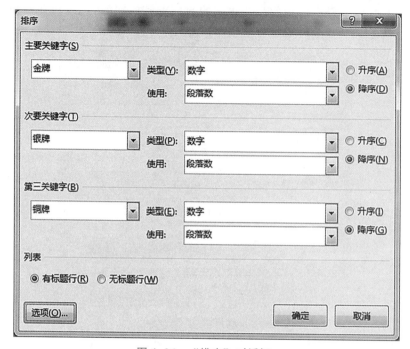

图 4-26 "排序"对话框

注意:在进行排序之前,一定要适当选择要进行排序的表格区域,不需要参与排序的区域不要一起选中。例如本例中的第 1 行和最后一行,位置是固定的,无须参与排序,不要一起选中,否则会出现错误。

5)保存文档

单击"文件"按钮,在后台视图中选择"另存为",在弹出的"另存为"对话框中,将文档保存为"word4. docx";在后台视图的"另存为"下方单击"浏览"按钮,最终效果如图 4-27 所示。

校运动会奖牌排行榜				
班级	金牌	银牌	铜牌	各班合计
商务1班	8	6	5	19
电子1班	8	4	2	14
电子2班	7	2	4	13
商务2班	7	2	1	10
网络2班	5	6	3	14
电子3班	5	5	7	17
国贸1班	4	4	5	13
网络1班	3	6	6	15
国贸2班	2	3	5	10
奖牌合计	49	38	38	125

图 4-27 实验案例四效果

三、实验体验

在"word实验体验四文字素材.docx"基础上，完成表格的相关设置，要求如下。

（1）将文中后7行文字转换成一个7行4列的表格。

（2）在表格右侧增加一列，输入列标题"平均温度（℃）"，并在新增列相应单元格内填入其左侧列"高温（℃）"和"低温（℃）"的平均值。

（3）按"平均温度（℃）"列依据"数字"类型升序排列表格内容。

（4）设置表格居中、表格中的文字水平居中。

（5）设置表格列宽为3厘米、行高为0.7厘米；设置表格外框线和第1、2行间的内框线为红色（标准色）1.5磅单实线，其余内框线为红色（标准色）0.5磅单实线；为表格添加底纹，底纹颜色为"橄榄色，个性色3，淡色60%"。

（6）将文档另存为"word体验四.docx"。

四、实验心得

自测题

一、单项选择题（每题 2.5 分，共 50 分）

1. 启动 Word 2016 的方式有（　　）。

A. 使用"开始"菜单　　　　　　　　B. 使用快捷图标

C. 打开已有的 Word 文档　　　　　　D. 以上三项都是

2. Word 2016 程序启动后，自动打开一个名为（　　）的文档。

A. 文档 1　　　　　B. Noname　　　　　C. 文件 1　　　　　D. Untitled

3. Word 2016 文档文件的扩展名是（　　）。

A. . txt　　　　　B. . docx　　　　　C. . doc　　　　　D. . bmp

4. 在 Word 2016 编辑状态下，操作的对象经常是被选择的内容，若光标位于某行行首，则下列哪种操作可以仅选择光标所在的行（　　）。

A. 单击　　　　　　　　　　　　　　B. 单击三下

C. 双击　　　　　　　　　　　　　　D. 右击

5. 在编辑 Word 文档时，在某段内（　　）鼠标左键，则选定该段文本。

A. 单击　　　　　B. 双击　　　　　C. 三击　　　　　D. 拖拽

6. 在 Word 2016 编辑状态下，使插入点快速移到文档尾部的快捷键是（　　）。

A. 〈Caps Lock〉键　　　　　　　　B. 〈Shift+Home〉键

C. 〈Ctrl+End〉键　　　　　　　　　D. 〈End〉键

7. 在 Word 2016 的编辑状态下，字号被设置为"四号"后，按新设置的字号显示的文字是（　　）。

A. 插入点所在段落中的文字　　　　　B. 插入点所在行的文字

C. 文档中被选中的文字　　　　　　　D. 文档的所有文字

8. 在 Word 文档中，选定一个段落的含义是（　　）。

A. 选定段落标记　　　　　　　　　　B. 选定包括段落标记在内的整个段落

C. 选定段落中的全部内容　　　　　　D. 将插入点移到段落中

9. 在 Word 文档中，要删除光标右边的文字，按（　　）键。

A. 〈Delete〉　　B. 〈Backspace〉　　C. 〈Alt〉　　　　D. 〈Ctrl〉

10. 在 Word 文档中，每一页都要出现的内容应放到（　　）。

A. 文本框　　　　B. 图文框　　　　C. 页眉页脚　　　　D. 首页

11. 在 Word 文档编辑中绘制矩形时，若按住〈Shift〉键，则绘制出（　　）。

A. 圆　　　　　　　　　　　　　　　B. 正方形

C. 以出发点为中心的正方形　　　　　D. 椭圆

12. 在 Word 2016 的编辑状态下，选中当前文档中的某个表格后，按〈Delete〉键，则（　　）。

A. 表格中的内容全部被删除，但表格还存在

B. 表格被删除，但表格中的内容未被删除

C. 表格和内容全部被删除

D. 表格中插入点所在的行被删除

13. Word 文档中，拆分表格指的是（　　　）。

A. 将原来的表格从正中间分为两个表格，其方向由用户指定

B. 将原来的表格从某两行之间分为上、下两个表格

C. 将原来的表格从某两列之间分为左、右两个表格

D. 在表格中由用户任意指定一个区域，将其单独存为另一个表格

14. Word 具有分栏功能，下列关于分栏的说法正确的是（　　　）。

A. 最多可以设置两栏　　　　　　　　　　B. 各栏的间距是固定的

C. 各栏的宽度可以相同　　　　　　　　　D. 各栏的宽度是固定的

15. 在 Word 2016 的编辑状态下，选择了一个段落并设置段落"首行缩进"为"2 厘米"，则（　　　）。

A. 该段落的首行起始位置距页面的左边距 2 厘米

B. 该段落的首行起始位置在段落"左缩进"位置的右边 2 厘米

C. 该段落的首行起始位置在段落"左缩进"位置的左边 2 厘米

D. 文档中各段落的首行由"首行缩进"确定位置

16. 下面关于查找与替换的叙述，正确的是（　　　）。

A. 只能对文字进行查找与替换

B. 可以对指定格式的文本进行查找与替换

C. 不能对制表符进行查找与替换

D. 不能对段落格式进行查找与替换

17. 将 Word 文档中的大写英文字母转换为小写，最优的操作方法是（　　　）。

A. 执行"开始"选项卡"字体"组中的"更改大小写"命令

B. 执行"审阅"选项卡"格式"组中的"更改大小写"命令

C. 执行"引用"选项卡"格式"组中的"更改大小写"命令

D. 右击，执行快捷菜单中的"更改大小写"命令

18. 如果希望为一个多页的 Word 文档添加页面图片背景，则最优的操作方法是（　　　）。

A. 在每一页中分别插入图片，并设置图片的环绕方式为"衬于文字下方"

B. 利用水印功能，将图片设置为文档水印

C. 利用页面填充效果功能，将图片设置为页面背景

D. 执行"插入"选项卡中的"页面背景"命令，将图片设置为页面背景

19. 下列操作中，不能在 Word 文档中插入图片的操作是（　　　）。

A. 使用插入对象功能　　　　　　　　　　B. 使用插入交叉引用功能

C. 使用复制、粘贴功能　　　　　　　　　D. 使用插入图片功能

20. 如果想要设置自动恢复时间间隔，应按下列步骤（　　　）。

A. "文件"按钮→"另存为"

B. "文件"按钮→"选项"→"保存"

C. "文件"按钮→"属性"

D. "文件"按钮→"选项"→"高级"

二、填空题（每题 2.5 分，共 25 分）

1. 如果想保存修改后的文档，但不覆盖原文档，或把当前文档以其他格式保存，或对原文档以其他文件名、其他位置进行保存，可以使用_____选项卡中的_____命令。

2. 执行撤销操作，可以使用快捷键_____。

3. _____视图以网页的形式来显示文档中的内容。

4. 在 Word 2016 的两种表示字号的方法中，磅数越大，显示字符越_____；字号越大，显示字符越_____。

5. 在 Word 2016 中要设置首字下沉、首字悬挂等效果，应使用_____选项卡。

6. 在 Word 2016 中，段落是文档的基本组成单位。段落是指以_____为结束符的文字、图形或其他对象的集合。

7. Word 2016 中的段落缩进包括左缩进、右缩进、_____和悬挂缩进。

8. Word 2016 中提供的段落对齐方式主要包括左对齐、右对齐、居中对齐、_____和分散对齐 5 种方式。

9. 在_____选项卡的_____组中可以设置页面的水印、页面边框和页面颜色等。

10. Word 2016 中默认的页面格式，纸张大小为_____，纸张方向为_____，页面垂直对齐方式为_____，文字排列方向为_____。

三、判断题（每题 2.5 分，共 25 分，正确的打"√"，错误的打"×"）

（　　）1. 用 Word 2016 插入的封闭形状可以添加文字并设置字体格式，插入的图片不能添加文字。

（　　）2. 在 Word 2016 中，当前正在编辑的文档名显示在状态栏。

（　　）3. Word 2016 中，在"文件"菜单的"最近所用文件"中列出的文件名表示的是最近使用本软件处理过的文件。

（　　）4. 可以同时打开多个 Word 文档窗口，被打开的窗口都是活动窗口。

（　　）5. 段落标记只是表示一个段落的结束，并无其他作用。

（　　）6. 在 Word 2016 的编辑状态下，当前文档有一个表格，选定表格中的一行后，单击"表格工具|布局"上下文选项卡功能区中的"拆分表格"按钮后，表格被拆分成上、下两个表格，已选择的行在下边的表格中。

（　　）7. 打开一个 Word 文档，编辑内容后，进行了"保存"操作，则该文档被保存在新建文件夹下。

（　　）8. 在 Word 2016 的编辑状态下打开了一个文档，对文档没作任何修改，随后单击 Word 2016 主窗口标题栏右侧的"关闭"按钮或者单击"文件"菜单中的"退出"按钮，则文档和 Word 2016 主窗口全被关闭。

（　　）9. 在 Word 2016 中，段落首行的缩进类型包括首行缩进和文本缩进。

（　　）10. 在 Word 2016 编辑状态下，进行英文输入状态与中文输入状态间切换的快捷键是〈Shift+Ctrl〉。

第五章

表格处理软件——Excel 2016

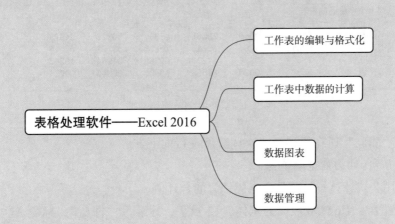

实验一　工作表的编辑与格式化

　　通过 Excel 2016 工作表的编辑与格式化实验，读者可以初步了解工作表中各种数据的输入方法、工作表中数据的编辑与修改、工作表格式的设置，了解使用公式进行计算的方法，以便熟练掌握在 Excel 2016 中使用公式和函数进行统计计算、创建并格式化图表等其他技能。

一、实验案例

　　启动 Excel 2016，完成下列实验，并以"excel1.xlsx"为文件名保存在 D 盘的"files"文件夹中。

　　（1）建立工作表，按照图 5-1 输入数据。

	A	B	C	D	E	F	G	H
1	上半年商品销售表							
2	商品名称	一月	二月	三月	四月	五月	六月	合计
3	彩电	43000	62000	29561	48904	56923	34879	
4	冰箱	80345	50204	39243	75285	53732	62543	
5	洗衣机	73029	50966	47277	62265	54264	46266	
6	空调	56331	69023	34523	45680	90345	90234	
7								

图 5-1　实验案例一原始数据

　　（2）将"彩电"所在行移至"空调"所在行的下方。

　　（3）将 B~H 列的列宽调整为 12。

　　（4）利用公式计算每种商品上半年销售的合计值。

　　（5）设置 B3：H6 区域数据为宋体，12 号字，标准色"深蓝"；标题 A1 单元格数据为黑体，16 号字；A2：H2 区域数据为黑体，12 号字；所有数据居中对齐。

　　（6）设置 A2：H6 区域所有内边框为细实线，外边框为粗实线。

　　（7）设置 A3：A6 区域底纹为"绿色，个性色 6，淡色 80%"；A2：H2 区域底纹为"橙色，个性色 2，淡色 60%"；A1 单元格底纹为"红色，12.5%灰色"。

　　（8）设置 B3：H6 区域为数字格式。

二、实验指导

　　下面就以上案例中涉及的知识点和实现步骤进行说明。

1. 主要知识点

本次实验主要包括以下知识点：

　　（1）掌握 Excel 2016 中数据的输入；

　　（2）掌握单元格数据的编辑；

（3）掌握填充序列及自定义序列操作方法；

（4）掌握简单公式的使用方法；

（5）掌握工作表格式的设置及自动套用格式的使用。

2. 实现步骤

1）在工作表中输入数据

启动 Excel 2016，选择"空白工作簿"，进入默认文件名为"工作簿 1"的空白工作簿编辑界面，其中包括 1 张空白工作表"Sheet1"。双击界面左下方的"Sheet1"标签，将其重命名为"上半年商品销售表"。

（1）选中 A1 单元格，输入标题文字"上半年商品销售表"。在 A2～A6 单元格中，依次输入"商品名称""彩电""冰箱""洗衣机""空调"。然后选中 B3 单元格，输入数字，并用同样的方式完成所有数字部分的内容输入。

（2）选中 A1：H1 区域，单击"开始"选项卡"对齐方式"组中的"合并后居中"按钮，即可实现该单元格区域的合并及标题居中的功能。

（3）输入有序数据。选中 B2 单元格，输入"一月"，将光标移至 B2 单元格右下角，当出现黑色加粗的"+"时，横向拖动光标至 G2 单元格，在单元格右下角出现的"自动填充"下拉列表中点选"填充序列"单选按钮，B2～G2 单元格分别被填入"一月""二月""三月""四月""五月""六月"这 6 个连续数据，如图 5-2 所示。

▲	A	B	C	D	E	F	G	H	I
1				上半年商品销售表					
2	商品名称	一月	二月	三月	四月	五月	六月	合计	
3	彩电	43000	62000	29561	48904	56923	34879		
4	冰箱	80345	50204	39243	75285	53732	62543	○ 复制单元格(C)	
5	洗衣机	73029	50966	47277	62265	54264	46266	⊙ 填充序列(S)	
6	空调	56331	69023	34523	45680	90345	90234	○ 仅填充格式(F)	
7								○ 不带格式填充(O)	
8								○ 以月填充(M)	
9									
10									

图 5-2　自动填充序列

2）移动行

（1）选中 A3：H3 区域，在选中区域内右击，选择"剪切"命令。

（2）选中 A7 单元格，按组合键〈Ctrl+V〉，完成粘贴操作。

（3）单击工作表左侧的行号"3"，即可选中第 3 行整行，右击，在打开的快捷菜单中选择"删除"命令，则该行被删除。

3）调整列宽

在工作表上方的列标处，拖动光标选中 B～H 列，在"开始"选项卡的"单元格"组中，选择"格式"→"列宽"命令。在打开的"列宽"对话框中，输入"12"，如图 5-3 所示。单击"确定"按钮，完成列宽设置。

图 5-3　"列宽"对话框

4）利用公式计算

（1）选中 H3 单元格，在单元格或编辑框内输入公式"=B3+C3+D3+E3+F3+G3"，按下〈Enter〉键，结束输入状态，则在 H3 单元格显示冰箱销售额的合计值。

（2）选中 H3 单元格，将光标定位于 H3 单元格的右下角，当光标变成黑色加粗的"+"时，向下拖动光标，至 H6 单元格释放鼠标，则所有商品的合计值被自动计算出来，结果如图 5-4 所示。

	A	B	C	D	E	F	G	H
1				上半年商品销售表				
2	商品名称	一月	二月	三月	四月	五月	六月	合计
3	冰箱	80345	50204	39243	75285	53732	62543	361352
4	洗衣机	73029	50966	47277	62265	54264	46266	334067
5	空调	56331	69023	34523	45680	90345	90234	386136
6	彩电	43000	62000	29561	48904	56923	34879	275267

图 5-4　利用公式计算"合计"

5）设置字体、字号、颜色及对齐方式

（1）选中 B3：H6 区域，在"开始"选项卡的"字体"组中，将字体设为"宋体"，字号设为"12"，颜色设为标准色"深蓝"。选中第 1 行，将字体设为"黑体"，字号设为"16"。选中第 2 行，将字体设为"黑体"，字号设置为"12"。

（2）选中 A1：H6 区域，单击"开始"选项卡"对齐方式"组的"居中"按钮，将所有数据居中显示，如图 5-5 所示。

	A	B	C	D	E	F	G	H
1				上半年商品销售表				
2	商品名称	一月	二月	三月	四月	五月	六月	合计
3	冰箱	80345	50204	39243	75285	53732	62543	361352
4	洗衣机	73029	50966	47277	62265	54264	46266	334067
5	空调	56331	69023	34523	45680	90345	90234	386136
6	彩电	43000	62000	29561	48904	56923	34879	275267

图 5-5　设置字体、字号、颜色及对齐方式后的效果

6）设置表格边框

（1）选中 A2：H6 区域，在"开始"选项卡的"字体"组中，单击"边框"下拉按钮，在下拉列表中选择"所有框线"。

（2）再次单击"边框"下拉按钮，在下拉列表中选择"粗外侧框线"。

设置完边框后的工作表效果，如图 5-6 所示。

7）设置单元格底纹

（1）选中 A3：H6 区域，在"开始"选项卡的"字体"组中，单击"填充颜色"下拉按钮，在下拉列表的"主题颜色"中选择"绿色，个性色 6，淡色 80%"。选中 A2：H2 区域，用同样的方法将该区域底纹设为"橙色，个性色 2，淡色 60%"。

（2）设置特殊底纹。选中 A1 单元格，右击，在打开的快捷菜单中选择"设置单元格格式"命令，打开"设置单元格格式"对话框，切换至"填充"选项卡，在"图案

	A	B	C	D	E	F	G	H
1	上半年商品销售表							
2	商品名称	一月	二月	三月	四月	五月	六月	合计
3	冰箱	80345	50204	39243	75285	53732	62543	361352
4	洗衣机	73029	50966	47277	62265	54264	46266	334067
5	空调	56331	69023	34523	45680	90345	90234	386136
6	彩电	43000	62000	29561	48904	56923	34879	275267

图 5-6　设置表格边框后的效果

颜色"下拉列表中选择标准色"红色",在"图案样式"下拉列表中选择"12.5%灰色",如图 5-7 所示,单击"确定"按钮。

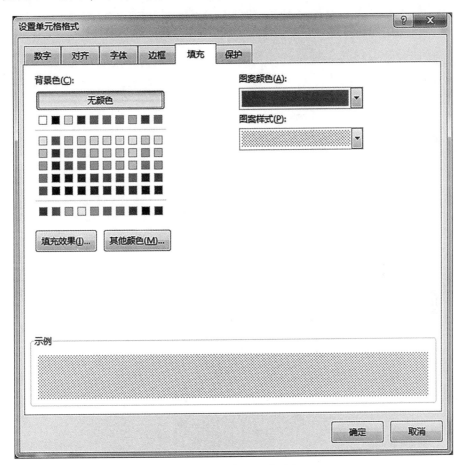

图 5-7　"填充"选项卡

8)设置数字格式

(1)选中 B3：H6 区域,右击,在打开的快捷菜单中选择"设置单元格格式"命令,打开"设置单元格格式"对话框。

(2)切换至"数字"选项卡,在"分类"列表框中选择"数值"选项;将"小数位数"设置为"0";勾选"使用千位分隔符"复选按钮,如图 5-8 所示,单击"确定"按钮。

93

图 5-8　设置单元格数字格式

设置后的工作表最终效果如图 5-9 所示。

	A	B	C	D	E	F	G	H
1	上半年商品销售表							
2	商品名称	一月	二月	三月	四月	五月	六月	合计
3	冰箱	80,345	50,204	39,243	75,285	53,732	62,543	361,352
4	洗衣机	73,029	50,966	47,277	62,265	54,264	46,266	334,067
5	空调	56,331	69,023	34,523	45,680	90,345	90,234	386,136
6	彩电	43,000	62,000	29,561	48,904	56,923	34,879	275,267

图 5-9　实验案例一效果

🖥 三、实验体验

（1）某商场全年营业额如图 5-10 所示，在工作表中输入数据，并将工作表重命名为"商场营业额统计表"。

	A	B	C	D	E	F
1	柜台	第一季度	第二季度	第三季度	第四季度	总计
2	家电	50000	65000	73000	46000	
3	食品	98000	102000	132000	94000	
4	化妆品	77000	75000	83000	88000	
5	数码	54000	64000	79000	31000	
6	服装	81000	86000	88000	95000	

图 5-10　实验体验一原始数据

（2）将"食品"和"数码"所在行交换位置。

（3）将 B~E 列的列宽调整为 10，并将工作表中所有数据居中对齐。

（4）在"柜台"列前插入一列，列标题为"编号"，第 1 条记录的编号为"20210001"，其余编号通过自动填充输入，将"编号"列居中对齐。

（5）在第 1 行之前插入一行，输入表标题"商场营业额统计表（单位：元）"，并将 A1：G1 区域合并居中。

（6）在"总计"列，利用公式计算每个柜台全年营业额。

（7）将表标题设为楷体、18 号、加粗，颜色为标准色"深蓝"；将表头（A2：G2 区域）设为黑体、14 号、加粗，颜色为标准色"紫色"。

（8）将表标题的底纹设为"绿色，个性色 6，淡色 80%"；将工作表 A2：G7 区域底纹设为"灰色–50%，个性色 3，淡色 60%"。

（9）将每个季度营业额设置为加"￥"货币格式，小数位数为 0。

（10）将"商场营业额统计表"工作表的外边框设置为粗实线，内边框设置为细实线。

四、实验心得

实验二　工作表中数据的计算

通过工作表中数据的计算实验，掌握利用函数和公式进行统计计算、条件格式的使用等操作技能。

一、实验案例

启动 Excel 2016，完成下列实验，并以"excel2. xlsx"为文件名保存在 D 盘的"files"文件夹中。

（1）建立工作表，按照图 5-11 输入数据。

	A	B	C	D	E	F	G	H
1	考试成绩表							
2	学号	姓名	英语	数学	语文	计算机	总分	平均分
3	202204013001	刘三江	91	88	93	95		
4	202204013002	赵胜男	82	84	72	76		
5	202204013003	张晓军	62	45	62	51		
6	202204013004	李强	78	95	74	84		
7	202204013005	孙向辉	55	71	66	72		
8	202204013006	刘文成	79	98	80	82		
9	202204013007	杨子怡	87	89	92	93		
10	202204013008	周文	67	52	83	73		
11	202204013009	徐芳芳	96	89	91	86		
12	202204013010	李梦云	77	74	82	76		

图 5-11　实验案例二原始数据

（2）在"总分"和"平均分"两列中，分别计算每个学生的总分和平均分。

（3）在 B13 单元格中输入"最高分"，在 B14 单元格中输入"最低分"，在其后单元格中分别计算每门课程的最高分和最低分。

（4）在"平均分"列右边增加"名次"列，根据总分计算每个学生的名次。

（5）在"名次"列右边增加"总评"列，若总分大于或等于 350 分，则在"总评"列中填写"优秀"；若总分小于 350 分但大于或等于 300 分，则在"总评"列中填写"合格"，否则在"总评"列中填写"不合格"。

（6）将每门课程成绩不及格的单元格数据用"红色"字体显示；将成绩大于或等于 90 分的单元格数据用"蓝色"字体及"黄色"背景显示。

（7）将标题"考试成绩表"合并居中显示，表格中所有内容均居中，保存工作表。

二、实验指导

下面就以上案例中涉及的知识点和实现步骤进行说明。

1. 主要知识点

本次实验主要包括以下知识点：

(1) 常用函数的使用，对工作表的数据进行统计计算；

(2) 使用条件格式设置单元格的方法。

2. 实现步骤

1）输入数据

启动 Excel 2016，并按照图 5-11 所示的格式完成相关数据的输入，并将工作表重命名为"考试成绩表"。

2）计算总分和平均分

(1) 选中 G3 单元格，在"公式"选项卡的"函数库"组中单击"自动求和"按钮 Σ 自动求和，此时 C3：F3 区域周围将出现闪烁的虚线边框，同时在单元格 G3 中显示求和公式"=SUM(C3：F3)"，如图 5-12 所示，按下〈Enter〉键。重新选中 G3 单元格，将光标移至 G3 单元格的右下角，使用自动填充的方法，拖动填充柄至 G12 单元格，完成总分的计算。

	A	B	C	D	E	F	G	H
1	考试成绩表							
2	学号	姓名	英语	数学	语文	计算机	总分	平均分
3	202204013001	刘三江	91	88	93	95	=SUM(C3:F3)	
4	202204013002	赵胜男	82	84	72	76	SUM(number1, [num	
5	202204013003	张晓军	62	45	62	51		
6	202204013004	李强	78	95	74	84		
7	202204013005	孙向辉	55	71	66	72		
8	202204013006	刘文成	79	98	80	82		
9	202204013007	杨子怡	87	89	92	93		
10	202204013008	周文	67	52	83	73		
11	202204013009	徐芳芳	96	89	91	86		
12	202204013010	李梦云	77	74	82	76		

图 5-12　计算总分

(2) 选中 H3 单元格，在"公式"选项卡的"函数库"组中单击"插入函数"按钮 fx，弹出"插入函数"对话框。在"或选择类别"下拉列表中选择"常用函数"，在"选择函数"列表框中选择"AVERAGE"选项，如图 5-13 所示。单击"确定"按钮，打开"函数参数"对话框，如图 5-14 所示。在"Number1"数值框中选择或输入"C3：F3"。单击"确定"按钮，拖动填充柄至 H12 单元格，完成平均分的计算。将平均分的数据保留到小数点后二位。

3）计算最高分和最低分

(1) 依次在 B13 和 B14 单元格中输入"最高分"和"最低分"。

(2) 在 C13 单元格中输入公式"=MAX(C3：C12)"，在 C14 单元格中输入公式"=MIN(C3：C12)"，便得到计算机、英语成绩的最高分和最低分。

(3) 水平拖动填充柄，完成其他课程最高分和最低分的计算。

4）总分排名

(1) 在 I2 单元格中输入"名次"，并将第 I 列居中显示。

(2) 在 I3 单元格中输入公式"=RANK(G3,$G$3：$G$12)"，再拖动填充柄至 I12 单元格，得到每个学生的名次，结果如图 5-15 所示。

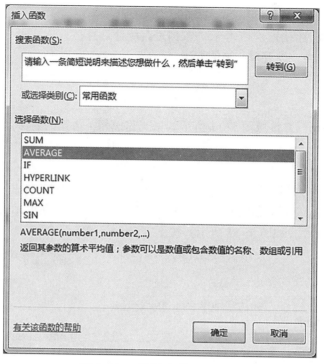

图 5-13　"插入函数"对话框

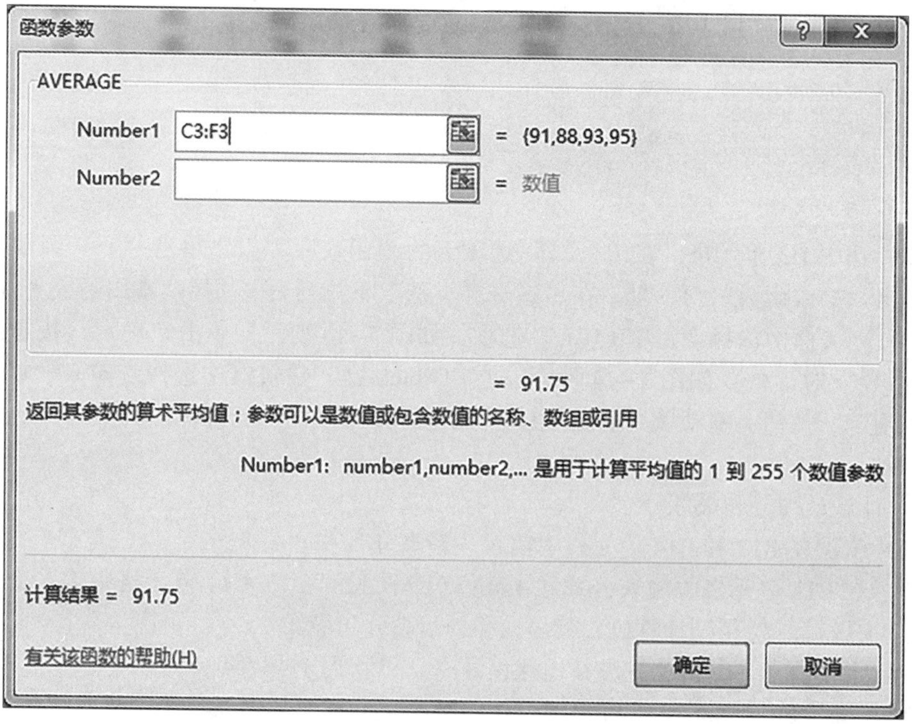

图 5-14　"函数参数"对话框

	A	B	C	D	E	F	G	H	I
1	考试成绩表								
2	学号	姓名	英语	数学	语文	计算机	总分	平均分	名次
3	202204013001	刘三江	91	88	93	95	367	91.75	1
4	202204013002	赵胜男	82	84	72	76	314	78.50	6
5	202204013003	张晓军	62	45	62	51	220	55.00	10
6	202204013004	李强	78	95	74	84	331	82.75	5
7	202204013005	孙向辉	55	71	66	72	264	66.00	9
8	202204013006	刘文成	79	98	80	82	339	84.75	4
9	202204013007	杨子怡	87	89	92	93	361	90.25	3
10	202204013008	周文	67	52	83	73	275	68.75	8
11	202204013009	徐芳芳	96	89	91	86	362	90.50	2
12	202204013010	李梦云	77	74	82	76	309	77.25	7
13		最高分	96	98	93	95			
14		最低分	55	45	62	51			

图 5-15　总分排名

5）总分等级评定

（1）在 J2 单元格中输入"总评"，并将第 J 列居中显示。

（2）在 J3 单元格中输入公式"=IF(G3>=350,"优秀"，IF(G3>=300,"合格","不合格"))"，再拖动填充柄至 J12 单元格，得到全部学生的总分等级，结果如图 5-16 所示。

	A	B	C	D	E	F	G	H	I	J
1	考试成绩表									
2	学号	姓名	英语	数学	语文	计算机	总分	平均分	名次	总评
3	202204013001	刘三江	91	88	93	95	367	91.75	1	优秀
4	202204013002	赵胜男	82	84	72	76	314	78.50	6	合格
5	202204013003	张晓军	62	45	62	51	220	55.00	10	不合格
6	202204013004	李强	78	95	74	84	331	82.75	5	合格
7	202204013005	孙向辉	55	71	66	72	264	66.00	9	不合格
8	202204013006	刘文成	79	98	80	82	339	84.75	4	合格
9	202204013007	杨子怡	87	89	92	93	361	90.25	3	优秀
10	202204013008	周文	67	52	83	73	275	68.75	8	不合格
11	202204013009	徐芳芳	96	89	91	86	362	90.50	2	优秀
12	202204013010	李梦云	77	74	82	76	309	77.25	7	合格
13		最高分	96	98	93	95				
14		最低分	55	45	62	51				

图 5-16　总分等级评定

6）条件格式的使用

（1）选中 C3:F12 区域，在"开始"选项卡的"条件"组中，单击"条件格式"下拉按钮，在下拉列表中选择"新建规则"，打开"新建格式规则"对话框。

（2）在"选择规则类型"选项区域中选择"只为包含以下内容的单元格设置格式"。在"编辑规则说明"选项区域中选择"单元格值""小于"，并在数值框中输入"60"，即表示设置条件为"<60"。

（3）单击"预览"右边的"格式"按钮，打开"设置单元格格式"对话框。切换至"字体"选项卡，在"颜色"下拉列表中选择"红色"，单击"确定"按钮完成设置，返回"新建格式规则"对话框，可以看到预览文字效果，如图 5-17 所示，单击"确定"按钮。

（4）再次选中 C3:F12 区域，打开"新建格式规则"对话框，在"选择规则类型"选项区域中选择"只为包含以下内容的单元格设置格式"，在"编辑规则说明"选项区域中选择

"单元格值""大于或等于"，并在数值框中输入"90"，即表示设置条件为"＞＝90"。

图 5-17　设置条件格式

（5）单击"格式"按钮，打开"设置单元格格式"对话框，在"字体"选项卡的"颜色"下拉列表中选择"蓝色"。再切换至"填充"选项卡，将单元格背景色设置为"黄色"，单击"确定"按钮完成设置，返回"新建格式规则"对话框，可以看到预览文字效果，单击"确定"按钮。

7）设置表格格式

选中 A1：J1 区域，单击"开始"选项卡"对齐方式"组中的"合并后居中"按钮，并将表格中所有内容的对齐方式设置为"居中"。保存工作表，最终效果如图 5-18所示。

	A	B	C	D	E	F	G	H	I	J
1	考试成绩表									
2	学号	姓名	英语	数学	语文	计算机	总分	平均分	名次	总评
3	202204013001	刘三江	91	88	93	95	367	91.75	1	优秀
4	202204013002	赵胜男	82	84	72	76	314	78.50	6	合格
5	202204013003	张晓军	62	45	62	51	220	55.00	10	不合格
6	202204013004	李强	78	95	74	84	331	82.75	5	合格
7	202204013005	孙向辉	55	71	66	72	264	66.00	9	不合格
8	202204013006	刘文成	79	98	80	82	339	84.75	4	合格
9	202204013007	杨子怡	87	89	92	93	361	90.25	3	优秀
10	202204013008	周文	67	52	83	73	275	68.75	8	不合格
11	202204013009	徐芳芳	96	89	91	86	362	90.50	2	优秀
12	202204013010	李梦云	77	74	82	76	309	77.25	7	合格
13		最高分	96	98	93	95				
14		最低分	55	45	62	51				

图 5-18　实验案例二效果

三、实验体验

（1）英语考试成绩如图 5-19 所示，将工作表重命名为“英语成绩统计表”并输入数据。

	A	B	C	D	E	F	G
1	英语成绩统计表						
2	姓名	口语	听力	作文	总分	名次	总评
3	赵一	82	90	73			
4	钱二	85	54	72			
5	孙三	89	92	80			
6	李四	45	49	65			
7	王五	64	56	91			
8	最高分						
9	最低分						
10	平均分						

图 5-19　实验体验二原始数据

（2）在“总分”列中计算每个学生英语成绩的总分。

（3）在“名次”列中根据总分的高低统计每个学生的排名情况。

（4）在“最高分”“最低分”和“平均分”行，分别统计每个部分的最高分、最低分和平均分。

（5）在“总评”列中利用 IF 函数按总分进行判断，评出优秀学生（总分大于或等于总评平均分的 10%者为“优秀”）。

（6）条件格式的使用。将每门课程的考试成绩不及格的单元格数据设为红色字体、加粗显示；将考试成绩大于等于 90 分的单元格数据设为深蓝色底纹、双下划线显示。

“英语成绩统计表”最终效果如图 5-20 所示。

	A	B	C	D	E	F	G
1	英语成绩统计表						
2	姓名	口语	听力	作文	总分	名次	总评
3	赵一	82	90	73	245	2	优秀
4	钱二	85	54	72	211	3	
5	孙三	89	92	80	261	1	优秀
6	李四	45	49	65	159	5	
7	王五	64	56	91	211	3	
8	最高分	89	92	91	261		
9	最低分	45	49	65	159		
10	平均分	73	68.2	76.2	217.4		

图 5-20　“英语成绩统计表”最终效果

四、实验心得

实验三　数据图表

通过数据图表实验，掌握图表的创建、图表的格式化等操作技能。

一、实验案例

启动 Excel 2016，打开实验案例二中的"考试成绩表"工作表或按照图 5-11 重新输入数据，完成下列实验。

1）创建图表

在工作表中选中所有学生的"姓名""数学""语文""计算机"4 列数据，在当前工作表中创建嵌入式的簇状柱形图图表，图表标题为"考试成绩统计图表"，分类轴标题为"姓名"，数值轴标题为"成绩"。

2）编辑图表

（1）将图表标题设置为隶书、蓝色、加粗、20 号字，将分类轴和数值轴标题设置为楷体、深红色、加粗、12 号字。

（2）将图例中的文字设置为宋体、8 号字。

（3）将数值轴刻度的最大值设为 100，最小值设为 0，主要刻度单位设置为 20。

（4）将图表中的"数学"数据系列删除。

（5）将"英语"数据系列添加到图表中，并使"英语"数据系列位于"计算机"数据系列的前面。

（6）为图表中的"语文"数据系列添加以值显示的数据标签，并修饰"计算机"数据系列的形状。

（7）将图表的边框设置为红色、阴影、线宽 2 磅。

3）保存文件

设置图表背景并将图表以新工作表保存，命名为"考试成绩统计图表"。

二、实验指导

下面就以上案例中涉及的知识点和实现步骤进行说明。

1．主要知识点

本次实验主要包括以下知识点：

（1）掌握 Excel 中常用图表的建立方法；

（2）掌握图表格式化方法。

2．实现步骤

启动 Excel 2016，打开实验案例二中的"考试成绩表"工作表或按照图 5-11 所示完成相关数据的输入和格式的设置。

1）创建图表

（1）在工作表中，先选中 B2：B12 区域，按下〈Ctrl〉键的同时再选择 D2：F12 区域。在"插入"选项卡的"图表"组中，单击"柱形图"按钮 ■■▾，在下拉列表中选择

"二维柱形图"中的"簇状柱形图",于是在当前工作表中创建了一个嵌入式的二维簇状柱形图表。

（2）选中图表中的"图表标题",单击使标题文字呈可编辑状态,将图表标题改为"考试成绩统计图表",单击图表空白区域完成输入。

（3）选中图表,功能区中出现了"图表工具|设计"和"图表工具|格式"两个上下文选项卡。在"图表工具|设计"上下文选项卡的"图表布局"组中,单击"添加图表元素"下拉按钮,在下拉列表中选择"轴标题"→"主要横坐标轴"选项,图表横坐标轴下即可出现"坐标轴标题"文本框,将其中文字改为"姓名"。用类似的方法,添加主要纵坐标轴的标题,并将文字改为"成绩"。

（4）选择图表,将图表拖动到工作表中合适的位置;拖动图表四周的控制柄,适当调整图表的大小,效果如图5-21所示。

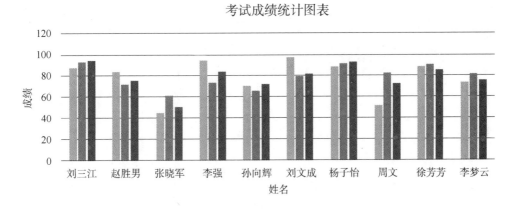

图 5-21　二维簇状柱形图

2）编辑图表

图表中每个对象都可单独被选中,修改某个对象属性时,注意先选中需要修改的对象。

（1）设置图表标题和坐标轴标题的文字格式。

选中图表标题,在"开始"选项卡的"字体"组中,将图表标题文字设为隶书、蓝色、加粗、20号字。用同样的方法设置横、纵坐标轴标题为楷体、深红色、加粗、12号字。

（2）设置图例中的文字格式。

选中图例,在"开始"选项卡的"字体"组中,将文字格式设置为宋体、8号字。

（3）数值轴刻度设置。

选中图表中的纵坐标轴刻度,右击,在快捷菜单中选择"设置坐标轴格式"命令,工作表的右方区域出现"设置坐标轴格式"窗格,在"坐标轴选项"中,"边界"下的"最小值"设为"0"、"最大值"设为"100";"单位"下的"主要"设为"20",如图5-22

图 5-22　"设置坐标轴格式"窗格

所示，单击该界面右上角的 ✖ 图标即可关闭该界面。

（4）删除数据系列。

选中图表，在"图标工具|设计"上下文选项卡的"数据"组中单击"选择数据"按钮，打开"选择数据源"对话框。在"图例项（系列）"列表框中选择"数学"选项，如图 5-23 所示，单击"删除"按钮，然后单击"确定"按钮完成对"数学"数据系列的删除。

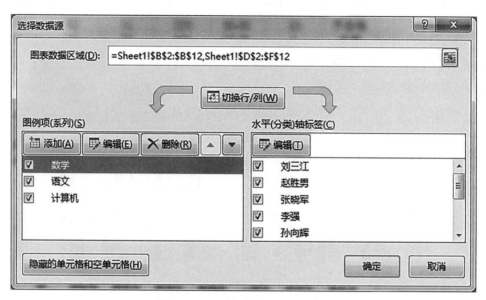

图 5-23　"选择数据源"对话框

（5）添加数据系列。

与上一步骤类似，选中图表，打开"选择数据源"对话框，单击"添加"按钮，打开"编辑数据系列"对话框，在"系列名称"文本框中输入"英语"。单击"系列值"文本框中的"数据选择"按钮 📷，在工作表中选择 C3:C12 区域（即英语成绩所在区域），再单击"数据选择"按钮，返回对话框，单击"确定"按钮完成添加，如图 5-24 所示。在"选择数据源"对话框中，选择数据系列"英语"，单击"上移"按钮 🔼，便将"英语"数据系列移到"计算机"数据系列之前，单击"确定"按钮。

图 5-24　"编辑数据系列"对话框

（6）添加数据标签及修饰数据系列形状。

选中图表中的"语文"数据系列（即图例中显示"语文"对应颜色的柱形），在"图表工具|设计"上下文选项卡的"图表布局"组中，单击"添加图表元素"下拉按钮，在下拉列表中选择"数据标签"→"数据标签外"选项，便在"语文"对应柱形的上方添加了数据标签。

选中"计算机"数据系列，在"图表工具|格式"上下文选项卡的"形状样式"组中，单击"形状填充"按钮，在下拉列表中选择"纹理"→"纸莎草纸"选项，即可完成对数据系列形状的修饰，效果如图 5-25 所示。

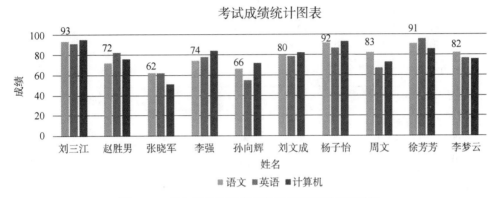

图 5-25　添加数据标签并修饰数据系列形状后效果

（7）设置图表边框。

选中图表，右击，在打开的快捷菜单中选择"设置图表区域格式"命令，工作表右方出现"设置图表区格式"窗格，在"图表选项"中"填充"的"边框"下，将"颜色"设为"红色"；"宽度"设为"2 磅"，如图 5-26 所示；在"图表选项"中"效果"的"阴影"下，将"预设"设为"外部-右下斜偏移"，如图 5-27 所示。

图 5-26　设置图表框线

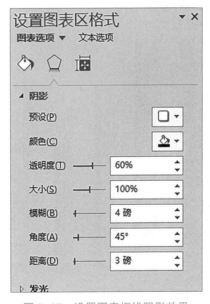

图 5-27　设置图表框线阴影效果

3）设置图表背景并保存文件

（1）在"设置图表区格式"窗格中，定位到"图表选项"中"填充与线条"的"填充"下，点选"渐变填充"单选按钮，在"预设渐变"下拉列表中选择"浅色渐变-个性色1"，如图5-28所示。

（2）选中图表，在"图表工具|设计"上下文选项卡的"位置"组中，单击"移动图表"按钮，弹出"移动图表"对话框，在"选择放置图表的位置"选项区域中，点选"新工作表"单选按钮，在其后输入工作表的名称"考试成绩统计图表"，如图5-29所示。设置完成后，单击"确定"按钮，最终效果如图5-30所示。

图5-28 设置图表背景

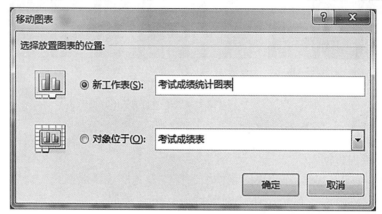

图5-29 "移动图表"对话框

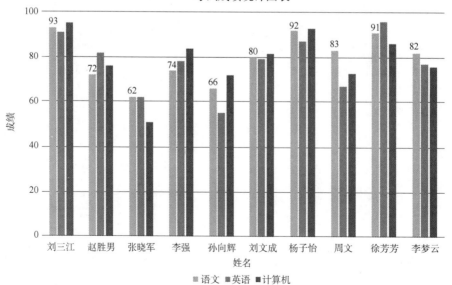

图5-30 实验案例三效果

三、实验体验

打开实验体验二的"英语成绩统计表"工作表或按照图 5-20 重新输入数据,完成相应的操作。

1) 创建图表

在工作表中选中所有学生的"姓名""口语""听力""作文"4 列数据(A2:D7),在当前工作表中创建嵌入的簇状柱形图表,图表标题为"英语成绩统计图表",分类轴标题为"姓名",数值轴标题为"分数"。

2) 编辑图表

(1) 将图表标题设置为华文细黑、红色、加粗、18 号字,将分类轴和数值轴标题设置为隶书、绿色、加粗、12 号字。

(2) 将图表中"孙三"数据系列删除。

(3) 为图表中"听力"数据系列添加数据标签。

(4) 将图表中"作文"数据系列的填充色改为图案填充中的橙色大棋盘。

(5) 设置整个图表背景为"渐变填充",边框样式为"红色、圆角"。

编辑后的效果如图 5-31 所示。

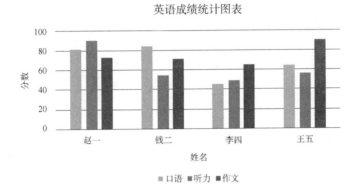

图 5-31 英语成绩统计柱形图

3) 将 A2:D7 区域数据设置为折线图

对图表背景、图例等进行格式设置,修改为如图 5-32 所示的折线图。

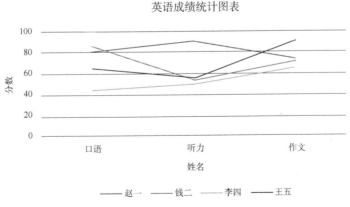

图 5-32 英语成绩统计折线图

4）将"赵一"课程成绩设置为饼图

由"赵一"的各门课程成绩，创建独立的三维图表，如图 5-33 所示，并进行格式化、图形的大小调整等编辑操作。

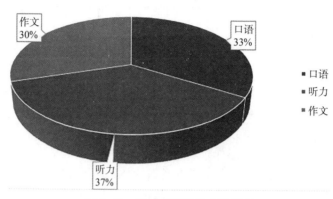

图 5-33　赵一各科课程成绩饼图

四、实验心得

实验四 数据管理

通过数据管理实验，熟悉在 Excel 2016 中建立数据列表的过程，掌握数据排序、筛选和分类汇总等数据管理的操作技能。

一、实验案例

启动 Excel 2016，在"Sheet1"工作表中按照图 5-34 输入数据，以"excel3. xlsx"为文件名保存在当前文件夹中，并完成下列实验。

	A	B	C	D	E
1			软件公司工资表		
2	姓名	部门	基本工资	津贴	奖金
3	张非	研发部	5000	2500	2600
4	李月明	测试部	4500	2000	2700
5	王小松	销售部	4100	1900	2400
6	刘源	销售部	4100	1900	3300
7	杨平安	研发部	4800	2000	3100
8	胡啸天	测试部	4500	2000	2500
9	高远强	销售部	4100	1900	3600
10	赵程	研发部	5300	2500	3000
11	宋天宝	研发部	4800	2500	2800
12	刘可可	测试部	4600	2000	2800
13	周成	销售部	4100	1900	3900
14	田颖娴	测试部	4500	2000	2300

图 5-34 实验案例四原始数据

（1）将"Sheet1"工作表重命名为"排序"，新增两个工作表，将"排序"工作表中的数据复制到"Sheet2"和"Sheet3"工作表中。分别将"Sheet2""Sheet3"2 个工作表重命名为"筛选"和"分类汇总"。

（2）使用"排序"工作表中的数据，按基本工资降序排序，基本工资相同时，以津贴降序排序。

（3）使用"筛选"工作表中的数据，筛选出测试部且奖金大于或等于 2 500 的记录。

（4）使用"筛选"工作表中的数据，筛选出销售部或奖金大于或等于 3 000 的记录。

（5）使用"分类汇总"工作表中的数据，按部门分类、汇总基本工资的平均值。

二、实验指导

下面就以上案例中涉及的知识点和实现步骤进行说明。

1. 主要知识点

本次实验主要包括以下知识点：

（1）数据列表的排序；

（2）数据列表的筛选；

（3）数据列表的分类汇总。

2. 实现步骤

启动 Excel 2016，在"Sheet1"工作表中按照图 5-34 输入数据。

1）新增工作表与重命名

单击"Sheet1"工作表标签右边的"新工作表"按钮⊕，即可新增一个工作表"Sheet2"，用同样的方法再新增一个"Sheet3"工作表，将"Sheet1"工作表中的数据复制到"Sheet2"和"Sheet3"工作表中。右击工作表"Sheet1"标签，在打开的快捷菜单中选择"重命名"命令，然后在标签处输入新的名称"排序"。用同样的方式将"Sheet2"和"Sheet3"工作表的标签修改为"筛选"和"分类汇总"。

2）数据的排序

（1）切换至"排序"工作表，选中"基本工资"列数据区域中的任意一个单元格，单击"数据"选项卡"排序和筛选"组中的"排序"按钮，打开"排序"对话框。在"主要关键字"下拉列表中选择"基本工资"选项，"排序依据"选择"数值"，"次序"选择"降序"。

（2）单击"添加条件"按钮，增加"次要关键字"设置选项，在"次要关键字"下拉列表中选择"津贴"选项，"排序依据"及"次序"仍选择"数值"和"降序"，如图 5-35 所示。

图 5-35　"排序"对话框

（3）单击"确定"按钮，即可完成对数据的排序，结果如图 5-36 所示。

	A	B	C	D	E
1			软件公司工资表		
2	姓名	部门	基本工资	津贴	奖金
3	赵程	研发部	5300	2500	3000
4	张非	研发部	5000	2500	2600
5	宋天宝	研发部	4800	2500	2800
6	杨平安	研发部	4800	2000	3100
7	刘可可	测试部	4600	2000	2800
8	李月明	测试部	4500	2000	2700
9	胡啸天	测试部	4500	2000	2500
10	田颖朔	测试部	4500	2000	2300
11	王小松	销售部	4100	1900	2400
12	刘源	销售部	4100	1900	3300
13	高远强	销售部	4100	1900	3600
14	周成	销售部	4100	1900	3900

图 5-36　排序后的工作表

3）数据的自动筛选

（1）切换至"筛选"工作表，选中数据区域中的任意一个单元格，单击"数据"选项卡"排序和筛选"组中的"筛选"按钮，此时，在每个字段的右边出现一个倒三角形按钮，如图 5-37 所示。

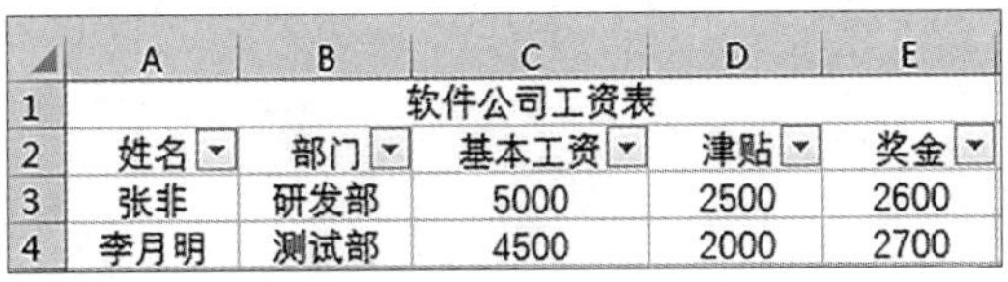

图 5-37　自动筛选状态

（2）单击"部门"单元格的倒三角形按钮，在下拉列表中只勾选"测试部"复选按钮，其他部门复选按钮的勾选状态都取消；单击"奖金"单元格的倒三角形按钮，在下拉列表中选择"数字筛选"→"大于或等于"选项，在打开的"自定义自动筛选方式"对话框中输入条件，如图 5-38 所示。

图 5-38　"自定义自动筛选方式"对话框

（3）单击"确定"按钮，即可完成对数据的自动筛选，结果如图 5-39 所示。

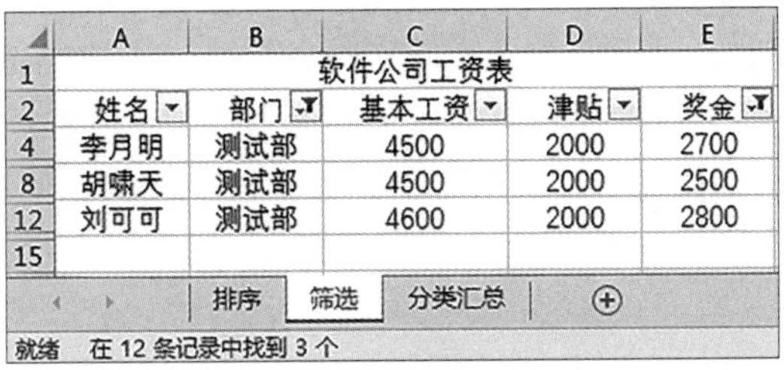

图 5-39　自动筛选后的工作表

如果要取消筛选，只需单击"数据"选项卡"排序和筛选"组中的"筛选"按钮，取消自动筛选状态即可。

4）数据的高级筛选

当筛选条件较多时，自动筛选无法满足要求，则需要使用高级筛选。

（1）切换至"筛选"工作表，确保上一步骤中的自动筛选状态已经取消。将筛选条件中涉及的字段名"部门""奖金"输入与数据区域下方相隔一行的空白单元格内（如B16 和 C16），然后不同字段隔行输入条件表达式，如图 5-40 所示。

	A	B	C	D	E
1			软件公司工资表		
2	姓名	部门	基本工资	津贴	奖金
3	张非	研发部	5000	2500	2600
4	李月明	测试部	4500	2000	2700
5	王小松	销售部	4100	1900	2400
6	刘源	销售部	4100	1900	3300
7	杨平安	研发部	4800	2000	3100
8	胡啸天	测试部	4500	2000	2500
9	高远强	销售部	4100	1900	3600
10	赵程	研发部	5300	2500	3000
11	宋天宝	研发部	4800	2500	2800
12	刘可可	测试部	4600	2000	2800
13	周成	销售部	4100	1900	3900
14	田颖娴	测试部	4500	2000	2300
15					
16		部门	奖金		
17		销售部			
18			>=3000		

图 5-40　逻辑或条件区域的建立

注意：在构造高级筛选条件区域时，当要求多个条件同时成立，则不同条件需写在同一行不同单元格中；当要求多个条件任意之一成立即可时，不同条件写在不同行。本例即为后一种情况。

（2）选中数据区域中的任意一个单元格，单击"数据"选项卡"排序和筛选"组中的"高级"按钮，打开"高级筛选"对话框。

若只需将筛选结果在原数据区域内显示，则点选"在原有区域显示筛选结果"单选按钮；若要将筛选后的结果复制到其他的区域，而不影响原有的数据，则点选"将筛选结果复制到其他位置"单选按钮，并在"复制到"文本框中指定筛选后复制的起始单元格。本例点选"在原有区域显示筛选结果"单选按钮。

在"列表区域"文本框中已经指出了数据区域的范围" $A$2:$E$14"。单击文本框右边的"区域选择"按钮，可以修改或重新选择数据区域，本例不作修改。

（3）单击"条件区域"文本框右边的"区域选择"按钮，选择已经定义好的条件区域，本例为 B16:C18，如图 5-41 所示。单击"确定"按钮，筛选结果就在原有区域显示出来了，如图 5-42 所示。

5）数据的分类汇总

分类汇总需要区分分类字段、汇总字段与汇总方式，按照题意，本例中分类字段应为"部门"，汇总字段为"基本工资"，汇总方式为"平均值"。

（1）切换至"分类汇总"工作表，选中"部门"列数据区域中的任意一个单元格，单击"开始"选项卡"编辑"组中的"排序和筛选"下拉按钮，在下拉列表中选择"升序"选项。

	A	B	C	D	E
1			软件公司工资表		
2	姓名	部门	基本工资	津贴	奖金
5	王小松	销售部	4100	1900	2400
6	刘源	销售部	4100	1900	3300
7	杨平安	研发部	4800	2000	3100
9	高远强	销售部	4100	1900	3600
10	赵程	研发部	5300	2500	3000
13	周成	销售部	4100	1900	3900

图 5-41 "高级筛选"对话框   图 5-42 高级筛选结果

注意：分类汇总的前提是按照分类字段进行排序，不排序直接进行分类汇总，其结果往往比较零散没有意义。

（2）选中 A2:E14 区域，单击"数据"选项卡"分级显示"组中的"分类汇总"按钮，打开"分类汇总"对话框。在"分类字段"下拉列表中选择"部门"选项，在"汇总方式"下拉列表中选择"平均值"选项，"选定汇总项"列表框中勾选"基本工资"复选按钮，在最下方勾选"替换当前分类汇总"与"汇总结果显示在数据下方"复选按钮，如图 5-43 所示，单击"确定"按钮。

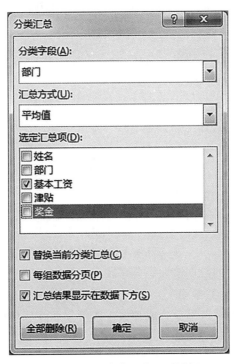

图 5-43 "分类汇总"对话框

分类汇总后的工作表如图 5-44 所示，单击分类汇总表左上方的数字级别按钮，查看不同层级的汇总结果。

1 2 3		A	B	C	D	E
	1			软件公司工资表		
	2	姓名	部门	基本工资	津贴	奖金
	3	李月明	测试部	4500	2000	2700
	4	胡啸天	测试部	4500	2000	2500
	5	刘可可	测试部	4600	2000	2800
	6	田颖娴	测试部	4500	2000	2300
	7		测试部 平均值	4525		
	8	王小松	销售部	4100	1900	2400
	9	刘源	销售部	4100	1900	3300
	10	高远强	销售部	4100	1900	3600
	11	周成	销售部	4100	1900	3900
	12		销售部 平均值	4100		
	13	张非	研发部	5000	2500	2600
	14	杨平安	研发部	4800	2000	3100
	15	赵程	研发部	5300	2500	3000
	16	宋天宝	研发部	4800	2500	2800
	17		研发部 平均值	4975		
	18		总计平均值	4533.333		

图 5-44　分类汇总后的工作表

若要取消分类汇总，选中"分类汇总"工作表数据区域中任意一个单元格，打开"分类汇总"对话框，单击"分类汇总"对话框中的"全部删除"按钮即可。

三、实验体验

按图 5-45 所示的数据建立工作表"Sheet1"（总分由 SUM 函数计算），并完成如下操作。

	A	B	C	D	E	F	G
1	学号	姓名	性别	语文	数学	英语	总分
2	2022040131001	李晓华	男	89	87	94	
3	2022040131002	王娟	女	88	90	82	
4	2022040131003	沈明辉	男	65	87	71	
5	2022040131004	何飞林	女	82	85	90	
6	2022040131005	金三军	男	56	61	76	
7	2022040131006	姚莉	女	63	74	82	
8	2022040131007	孙甫田	男	73	57	79	
9	2022040131008	陈苏江	女	78	89	82	
10	2022040131009	杨芳芳	女	77	82	67	
11	2022040131010	张航全	男	65	80	72	

图 5-45　实验体验四原始素材

（1）新增工作表"Sheet2"，将"Sheet1"工作表中的数据复制到"Sheet2"工作表中，将"Sheet2"工作表中的数据按性别升序排序，性别相同时，按总分降序排序。

（2）新增工作表"Sheet3"，将"Sheet1"工作表中的数据复制到"Sheet3"工作表中，在"Sheet3"工作表中筛选出总分成绩大于或等于 200 分且小于 250 分的记录。

（3）高级筛选。在"Sheet3"工作表中，将"语文""数学""英语" 3 列中每门成绩大于或等于 80 分的记录复制到从 A18 开始的区域中。

（4）将"Sheet1"工作表中的数据进行分类汇总操作。按性别分类，求出男、女同学各门课程的平均成绩（不包括总分），平均成绩保留 1 位小数。

四、实验心得

自测题

一、单项选择题（每题 2 分，共 50 分）

1. 工作表标签显示的内容是（　　　）。

A. 工作表的大小　　B. 工作表的属性　　C. 工作表的内容　　D. 工作表的名称

2. 下列序列，不能直接利用自动填充快速输入的是（　　　）。

A. 星期一、星期二、星期三……　　　　　B. 第一类、第二类、第三类……

C. 甲、乙、丙……　　　　　　　　　　　D. Mon、Tue、Wed……

3. 当输入的数据位数太长，一个单元格放不下时，数据将自动改为（　　　）。

A. 科学计数　　　　　B. 文本数据　　　　C. 备注类型　　　　D. 特殊数据

4. 工作表是用行和列组成的表格，分别用（　　　）区别。

A. 数字和数字　　　　B. 数字和字母　　　C. 字母和字母　　　D. 字母和数字

5. 在 Excel 2016 中，排序是按照（　　　）来进行的。

A. 记录　　　　　　　B. 工作表　　　　　C. 字段　　　　　　D. 单元格

6. 在 Excel 2016 中，一个完整的函数包括（　　　）。

A. "="和函数名　　　　　　　　　　　　B. 函数名和变量

C. "="和变量　　　　　　　　　　　　　D. "="、函数名和变量

7. 在单元格中输入公式时，编辑栏上的"√"按钮表示（　　　）操作。

A. 取消　　　　　　　B. 确认　　　　　　C. 函数向导　　　　D. 拼写检查

8. 以下关于表格排序的说法错误的是（　　　）。

A. 拼音不能作为排序的依据　　　　　　　B. 排序规则有递增和递减

C. 可按日期进行排序　　　　　　　　　　D. 可按数字进行排序

9. 在对数字格式进行修改时，如果出现"######"，其原因为（　　　）。

A. 格式语法错误　　　　　　　　　　　　B. 单元格长度不够

C. 系统出现错误　　　　　　　　　　　　D. 以上答案都不正确

10. 在 Excel 2016 的公式中，"AVERAGE(B3:C4)"的含义是（　　　）。

A. 将 B3 与 C4 两个单元格中的数据求和

B. 将从 B3 与 C4 的矩阵区域内所有单元格中的数据求和

C. 将 B3 与 C4 两个单元格中的数据求平均

D. 将从 B3 与 C4 的矩阵区域内所有单元格中的数据求平均

11. 在 Excel 2016 中，引用的单元格地址为 E\$4，该单元格的引用称为（　　　）。

A. 交叉引用　　　　　B. 混合引用　　　　C. 相对引用　　　　D. 绝对引用

12. 在 Excel 2016 中，将单元格 L2 中的公式"=SUM（C1：K3）"复制到单元格 L3 中，L3 中显示的公式为（　　　）。

A. =SUM(C2:K2)　　　　　　　　　　　　B. =SUM（C2：K4）

C. =SUM（C2：K3）　　　　　　　　　　　D. =SUM（C3：K2）

13. 在 Excel 2016 中，已知 A1 单元格中有公式"=B1+C1"，将 B1 复制到 D1，将 C1 移动到 E1，则 A1 中的公式调整为（　　　）。

A. =B1+C1   B. =D1+E1   C. =D1+C1   D. =B1+E1

14. 在 Excel 2016 中，函数 "=SUM(10,MIN(15,MAX(2,1),3))" 的值为（   ）。

A. 10   B. 11   C. 12   D. 13

15. 在 Excel 2016 中，要统计 A1：C5 区域中数值大于或等于 30 的单元格个数，应该使用公式（   ）。

A. =COUNT(A1:C5,">=30")   B. =COUNTIF(A1:C5,>=30)

C. =COUNTIF(A1:C5,">=30")   D. =COUNTIF (A1:C5,>="30")

16. 在 Excel 2016 中，有关移动和复制工作表的说法正确的是（   ）。

A. 工作表只能在所在工作簿内移动不能复制

B. 工作表只能在所在工作簿内复制不能移动

C. 工作表可以移动到其他工作簿内，但不能复制到其他工作簿内

D. 工作表可以移动到其他工作簿内，也可复制到其他工作簿内

17. 在 Excel 2016 中，正确的公式形式为（   ）。

A. =B1 * Sheet2! A3   B. =B1 * Sheet2$A3

C. =B1 * Sheet2：A3   D. =B1 * Sheet2%A3

18. 在 Excel 2016 中，当公式中出现被零除的现象时，产生的错误是（   ）。

A. #N/A!   B. #DIV/0!   C. #NUM!   D. #VALUE!

19. 在 Excel 2016 中，用图表类型表示随时间变化的趋势时效果最好的是（   ）。

A. 层叠条   B. 条形图   C. 折线图   D. 饼图

20. 在 Excel 2016 中，产生图表的数据发生变化以后，图表将（   ）。

A. 会发生相应的变化   B. 会发生相应的变化，但与数据无关

C. 不会发生变化   D. 必须进行编辑后才会发生变化

21. 在 Excel 2016 中，对数据列表分类汇总前，必须对数据列表（   ）。

A. 筛选   B. 计算   C. 排序   D. 建立数据库

22. 如果 Excel 单元格值大于 0，则在本单元格中显示 "已完成"；单元格值小于 0，则在本单元格中显示 "还未开始"；单元格值等于 0，则在本单元格中显示 "正在进行中"，最优的操作方法是（   ）。

A. 使用 IF 函数

B. 通过自定义单元格格式，设置数据的显示方式

C. 使用条件格式命令

D. 使用自定义函数

23. 在 Excel 2016 中，设置数据列表高级筛选的条件区域，对于各字段 "与" 的条件（   ）。

A. 必须写在同一行中   B. 可以写在不同行中

C. 一定要写在不同行中   D. 对条件表达式所在的行无严格的要求

24. 在 Excel 2016 降序排序中，在序列中空白的单元格行被（   ）。

A. 放置在排序区域的最前面

B. 不被排序

C. 放置在排序区域的最后面

D. 保持原始次序

25. 当前工作表中有一学生情况数据列表（包含学号、姓名、专业及三门课程成绩等字段），若欲查询各专业每门课程的平均成绩，以下最合适的方法是（　　　）。

A. 建立图表　　　　　B. 筛选　　　　　　C. 排序　　　　　　D. 建立数据透视表

二、填空题（每题 2.5 分，共 25 分）

1. 在 Excel 2016 中，默认情况下，工作表的默认表名是_____。

2. Excel 2016 在默认情况下，所有数字在单元格中均为_____对齐，文本均为____
____对齐。

3. 当选择插入整行或整列时，插入的行总在活动单元格的_____方，插入的列总
在活动单元格的_____方。

4. 工作表中第 5 列的列标是_____。

5. 要选中多个不连续的单元格区域，应选中一个区域后，按住_____键，再选中
其他区域。

6. 如果在 A1 单元格中有数据"第 1 年"，用鼠标拖动 A1 单元格的填充柄至 A3，则
A2 和 A3 单元格中的数据分别是_____和_____。

7. 函数 INT(-5.6) 的结果是_____。

8. 要在单元格内输入学生身份证号，应在输入数据之前，把该单元格的格式设置为
_____。

9. 高级筛选的筛选条件区域至少为_____行。

10. 如果要统计某一区域中满足给定条件的单元格个数，应使用的函数是_____。

三、判断题（每题 2.5 分，共 25 分，正确的打"√"，错误的打"×"）

（　　） 1. Excel 2016 中，在单元格中输入公式后，单击编辑栏上的"√"按钮表示
确认操作。

（　　） 2. 在 Excel 2016 中，一组被选中的单元格被称为文本块。

（　　） 3. 在 Excel 2016 中，自动填充是在所有选择的单元格区域中，依据初始值填
入初始值的扩充序列。

（　　） 4. 在 Excel 2016 中，删除单元格与清除单元格是一样的。

（　　） 5. 在 Excel 2016 中，图表不能单独占据一个工作表。

（　　） 6. 在 Excel 2016 中，函数的参数只能是数字、文本或单元格，而不能是其他
函数。

（　　） 7. 在 Excel 2016 中，图表和数据表放在一起的方法，称为嵌入式图表。

（　　） 8. 在 Excel 2016 中，设置两个排序条件的目的是第一排序条件完全相同的记
录以第二排序条件确定记录的排列顺序。

（　　） 9. 在 Excel 2016 中，为了取消分类汇总的操作，选择"编辑"组中的"全部
清除"命令。

（　　） 10. 在 Excel 2016 中，在某工作表标签上双击，能对该工作表的名字进行重
命名。

第六章

演示文稿制作软件
——PowerPoint 2016

演示文稿制作软件——PowerPoint 2016

演示文稿的基本操作

演示文稿的效果制作

演示文稿的综合应用

实验一　演示文稿的基本操作

通过演示文稿的基本操作实验，初步了解在幻灯片中插入图片、表格、图表、声音和视频的方法，以便熟练掌握 PowerPoint 2016 更改幻灯片的母版、版式、主题和背景等操作技能。

一、实验案例

根据教材素材包中"PPT 实验案例—素材"文件夹下的文件"PPT 素材 .docx"，按照下列要求完成演示文稿。

（1）新建一个演示文稿，设置幻灯片的大小为"全屏显示（16∶9）"；为整个演示文稿应用"丝状"主题，背景样式为"样式 6"。

（2）使文稿包含 7 张幻灯片。设计第 1 张为"标题幻灯片"版式，第 2 张为"仅标题"版式，第 3~6 张为"两栏内容"版式，第 7 张为"空白"版式。

（3）第 1 张幻灯片标题为"计算机发展简史"，副标题为"计算机发展的四个阶段"；第 2 张幻灯片标题为"计算机发展的四个阶段"，在标题下面空白处插入 SmartArt 图形，要求含有 4 个文本框，在每个文本框中依次输入"第一代计算机"，……，"第四代计算机"，更改图形颜色，适当调整字体字号。

（4）第 3~6 张幻灯片的标题内容分别为素材中各段的标题，左侧内容为各段的文字介绍，右侧为素材文件夹下存放的相对应的图片。第 6 张幻灯片需插入两张图片（"第四代计算机-1. jpg"在上，"第四代计算机-2. jpg"在下）。

（5）在第 7 张幻灯片中插入艺术字，内容为"谢谢!"。

（6）将演示文稿命名为"计算机发展简史 .pptx"保存至 D 盘"files"文件夹下。

二、实验指导

下面就以上案例中涉及的知识点和实现步骤进行说明。

1. 主要知识点

本次实验主要包括以下知识点：

（1）演示文稿的创建与保存；

（2）演示文稿的主题与版式；

（3）在演示文稿中编辑文字、SmartArt、艺术字等对象。

2. 实现步骤

1）新建演示文稿

（1）启动 PowerPoint 2016，选择"空白演示文稿"，进入默认文件名为"演示文稿 1"的演示文稿编辑界面，当前演示文稿内仅有一张版式为"标题幻灯片"的幻灯片。

（2）在"设计"选项卡的"自定义"组中，单击"幻灯片大小"下拉按钮，在下拉列表中选择"自定义幻灯片大小"选项，弹出"幻灯片大小"对话框，将"幻灯片大小"设置为"全屏显示（16∶9）"，如图 6-1 所示，单击"确定"按钮。

图 6-1 "幻灯片大小"对话框

（3）在"设计"选项卡的"主题"组中，单击主题库的下拉按钮，在其中选择"丝状"主题；在"变体"组中，单击下拉按钮，选择"背景样式"→"样式 6"。

2）幻灯片的版式

在"开始"选项卡的"幻灯片"组中，单击"新建幻灯片"下拉按钮，在下拉列表中选择"仅标题"选项，即可在当前标题幻灯片下添加一张版式为"仅标题"的幻灯片。用类似方法，依次添加 4 张"两栏内容"版式的幻灯片和一张"空白"版式的幻灯片。

3）文字与 SmartArt 对象编辑

（1）在界面左侧的"幻灯片"窗格中，选中第 1 张幻灯片，在编辑区的标题占位符中输入文字"计算机发展简史"，副标题占位符中输入文字"计算机发展的四个阶段"。

（2）在"幻灯片"窗格中，选中第 2 张幻灯片，输入标题文字"计算机发展的四个阶段"；在"插入"选项卡的"插图"组中，单击"SmartArt"按钮，弹出"选择 SmartArt 图形"对话框，在中间"列表"中选择包含多个文本框的 SamartArt 图形，如"垂直框列表"，如图 6-2 所示，单击"确定"按钮。

（3）添加的垂直框列表默认有 3 个文本框，选中其中任意一个文本框，在"SmartArt 工具|设计"上下文选项卡的"创建图形"组中，单击"添加形状"按钮，即可新增一个文本框。选中整个 SmartArt 图形，适当调整其大小和位置。

（4）分别在 4 个文本框中输入文字"第一代计算机"，……，"第四代计算机"。选中整个 SmartArt 图形，在"开始"选项卡的"字体"组中，将字体设为"微软雅黑"，字号设为"24"。

（5）在"SmartArt 工具|设计"上下文选项卡的"SmartArt 样式"组中，单击"更改颜色"下拉按钮，在下拉列表中选择合适的颜色，如"彩色-个性色"。

完成效果如图 6-3 所示。

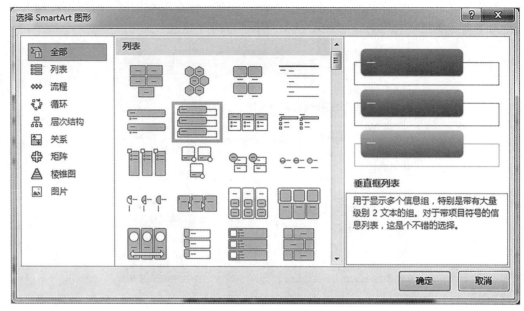

图 6-2 "选择 SmartArt 图形" 对话框

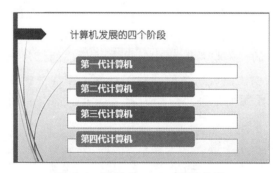

图 6-3 设置 SmartArt 后的效果

4）文字与图片对象编辑

（1）从"PPT素材.docx"文件中，把文字复制粘贴到对应幻灯片的正确位置，完成第3~6张幻灯片的文字输入，可适当调整字号和占位符位置。

（2）在"幻灯片"窗格中，选中第3张幻灯片，在右侧占位符中单击"图片"图标，如图6-4所示。在弹出的"插入图片"对话框中，找到教材素材包中对应的图片"第一代计算机.jpg"，单击"插入"按钮。插入成功后，可适当调整图片大小与位置，效果如图6-5所示。

图 6-4 占位符中单击"图片"图标

图 6-5　两栏内容完成图文编辑后的效果

（3）用类似的方法，完成第 4~6 张幻灯片的图片编辑。其中，第 6 张幻灯片中需要插入两张图片，可用上述方法先插入第 1 张，然后在"插入"选项卡的"图像"组中，单击"图片"按钮，完成第 2 张图片的插入。并按要求调整好两张图片的位置，使两张图片上下排列整齐。

5）艺术字对象编辑

在"幻灯片"窗格中，选中第 7 张幻灯片，在"插入"选项卡的"文本"组中，单击"艺术字"下拉按钮，在下拉列表中选择"填充-深红，着色 1，阴影"选项，输入文字内容"谢谢！"。

6）单击快速访问工具栏中的"保存"按钮，将演示文稿命名为"计算机发展简史.pptx"保存至 D 盘"files"文件夹下。

在幻灯片浏览视图下，该案例完成后的整体效果如图 6-6 所示。

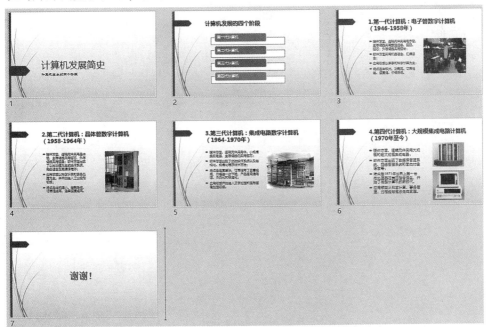

图 6-6　实验案例一效果

三、实验体验

根据教材素材包中"PPT实验体验—素材.docx",设计制作演示文稿,具体要求如下。

（1）将素材文件中每个矩形框中的文字及图片设计为1张幻灯片,为演示文稿插入幻灯片编号,与矩形框前的序号一一对应。

（2）第1张幻灯片作为标题页,标题为"云计算简介",并将其设为艺术字,有制作日期（格式:××××年××月××日）。第9张幻灯片中的"敬请批评指正!"采用艺术字。

（3）幻灯片版式至少有3种,并为演示文稿选择一个合适的主题。

（4）第5张幻灯片采用SmartArt图形中的组织结构图来表示,最上级内容为"云计算的五个主要特征",其下级依次为具体的5个特征。

（5）增大第6、7、8张幻灯片中图片显示比例,达到较好的效果。

（6）将演示文稿命名为"云计算简介.pptx"保存至D盘"files"文件夹下。

四、实验心得

实验二 演示文稿的效果制作

通过演示文稿的效果制作实验，掌握设置幻灯片动画效果、幻灯片切换、超链接、幻灯片放映等操作技能。

一、实验案例

在实验一已建立的"计算机发展简史.pptx"演示文稿基础上，按下列要求完成设置。

（1）为第 2 张幻灯片的每个 SmartArt 图形插入超链接，单击该图形时可跳转到相应幻灯片。

（2）在第 2 张幻灯片中，标题动画为"进入–空翻"，动画开始为"上一动画之后""延迟 1 秒"；SmartArt 图形动画为"进入–翻转式由远及近"，效果选项为"序列–逐个"，动画开始为"与上一动画同时""持续时间 1.5 秒""延迟 0.5 秒"。

（3）在第 3 张幻灯片中，设置内容文本动画为"强调–加粗展示"，效果选项为"按段落"，动画开始为"上一动画之后"；设置图片动画为"进入–弹跳"，动画开始为"上一动画之后""持续时间 1.5 秒""延迟 1 秒"。

（4）在第 7 张幻灯片中，设置艺术字动画为"进入–缩放"，效果选项为"消失点–幻灯片中心"，动画开始为"与上一动画同时"。

（5）设置第 1、2、7 张幻灯片切换方式为"切换"，效果选项为"向左"，幻灯片的自动换片时间是 5 秒；第 3~6 张幻灯片切换方式为"棋盘"，效果选项为"自顶部"，幻灯片的自动换片时间是 10 秒。

（6）设置幻灯片放映方式为"观众自行浏览（窗口）""循环放映，按 ESC 键终止"，保存演示文稿。

二、实验指导

下面就以上案例中涉及的知识点和实现步骤进行说明。

1. 主要知识点

本次实验主要包括以下知识点：

（1）设置幻灯片对象的动画效果；

（2）创建超链接；

（3）动作按钮的设置；

（4）幻灯片的切换设置；

（5）设置幻灯片的放映。

2. 实现步骤

1）创建超链接

（1）打开"计算机发展简史.pptx"演示文稿，在左侧的"幻灯片"窗格中，选中第

2 张幻灯片。

（2）选中 SmartArt 图形中的第 1 个文本框（注意要选中文本框，而不是文本框中的文字），在"插入"选项卡的"链接"组中，单击"超链接"按钮，弹出"编辑超链接"对话框。在"链接到"下方选择"本文档中的位置"，在"请选择文档中的位置"列表框中选择第 3 张幻灯片对应的标题，如图 6-7 所示，单击"确定"按钮。

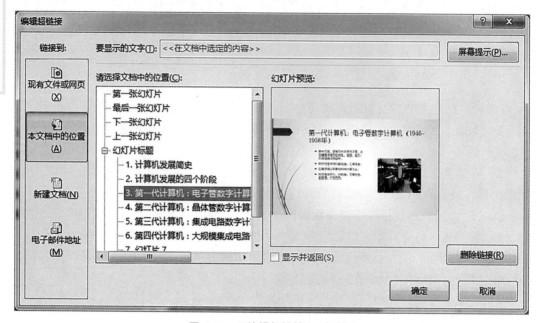

图 6-7   "编辑超链接"对话框

（3）使用相同的方法，分别为 SmartArt 图形的第 2、3、4 个文本框设置对应的超链接。

（4）幻灯片在放映时，通过超链接跳转到其他页面，若需要回到原幻灯片，则可以在跳转页面设置返回按钮。在本例中，可在"幻灯片"窗格中选中第 3 张幻灯片，在"插入"选项卡的"插图"组中，单击"形状"下拉按钮，选择下拉列表中"动作按钮"下的"动作按钮：第一张"图标，此时光标变为十字形，在幻灯片右下角用拖动鼠标的方式画出一个矩形，松开鼠标后即会弹出"操作设置"对话框。在"单击鼠标"选项卡下，在"超链接到"下的下拉列表中选择"幻灯片…"，弹出"超链接到幻灯片"对话框，在其中选择第 2 张幻灯片对应的标题，单击"确定"按钮，回到"操作设置"对话框，如图 6-8 所示，单击"确定"按钮。

（5）在第 3 张幻灯片中，选中该动作按钮并复制，分别粘贴到第 4、5 张幻灯片中。

2）动画设置

（1）在第 2 张幻灯片中选中标题占位符，在"动画"选项卡的"高级动画"组中，单击"添加动画"下拉按钮，在下拉列表中选择下方的"更多进入效果"选项，弹出"添加进入效果"对话框，在"华丽型"选项区域选择"空翻"效果，如图 6-9 所示，单击"确定"按钮。

（2）在"计时"组中，设置"开始"为"上一动画之后"，"延迟"为"01.00"（代表 1 秒），如图 6-10 所示。

图 6-8　设置动作按钮　　　　图 6-9　"添加进入效果"对话框

图 6-10　动画开始
及延迟的设置

注意：设置动画后，默认动画在单击时开始。

（3）选中 SmartArt 图形，在"高级动画"组中单击"添加动画"下拉按钮，在下拉列表中选择"进入"下的"翻转式由远及近"选项。

（4）在"动画"组中，单击"效果选项"下拉按钮，在下拉列表中选择"序列"下的"逐个"选项。在"计时"组中，设置"开始"为"与上一动画同时"，设置"持续时间"为"01.50"（代表 1.5 秒），"延迟"为"00.50"（代表 0.5 秒）。

（5）单击"高级动画"组中的"动画窗格"按钮，界面右侧会显示"动画窗格"，可在其中对该幻灯片的所有动画进行查看或修改。

（6）在第 3 张幻灯片中，选中左侧内容文本占位符，在"动画"选项卡的"高级动画"组中单击"添加动画"下拉按钮，在下拉列表中选择"强调"下的"加粗展示"选项；在"计时"组中，设置"开始"为"上一动画之后"；在"动画"组中单击"效果选项"下拉按钮，在下拉列表中选择"按段落"选项。选中右侧图片，在"添加动画"下拉列表中选择"进入"下的"弹跳"选项；在"计时"组中，设置"开始"为"上一动画之后"，设置"持续时间"为"01.50"（代表 1.5 秒），"延迟"为"01.00"（代表 1 秒）。

（7）在第 7 张幻灯片中，选中艺术字对象，在"动画"选项卡的"高级动画"组中单击"添加动画"下拉按钮，在下拉列表中选择"进入"下的"缩放"选项；在"动

127

画"组中单击"效果选项"下拉按钮，在下拉列表中选择"消失点"下的"幻灯片中心"选项；在"计时"组中，设置"开始"为"与上一动画同时"。

3）幻灯片切换

（1）在"幻灯片"窗格中，按下〈Ctrl〉键的同时，单击第 1、2、7 张幻灯片，即可同时选中这 3 张幻灯片。

（2）在"切换"选项卡的"切换到此幻灯片"组中，单击切换效果库的下拉按钮，在其中选择"华丽型"下的"切换"选项；单击"效果选项"下拉按钮，在下拉列表中选择"向左"选项。在"计时"组中，勾选"换片方式"下的"设置自动换片时间"复选按钮，并将该时间设为"00:05.00"（代表 5 秒），按下〈Enter〉键表示设置完成。

（3）在"幻灯片"窗格中，按住〈Ctrl〉键同时选中第 3~6 张幻灯片，在切换效果库中选择"华丽型"下的"棋盘"选项，单击"效果选项"下拉按钮，在下拉列表中选择"自顶部"选项。在"计时"组中，勾选"换片方式"下的"设置自动换片时间"复选按钮，并将该时间设为"00:10.00"（代表 10 秒），按下〈Enter〉键表示设置完成。

4）幻灯片放映设置

在"幻灯片放映"选项卡的"设置"组中，单击"设置幻灯片放映"按钮，弹出"设置放映方式"对话框，在"放映类型"选项区域下点选"观众自行浏览（窗口）"单选按钮，在"放映选项"选项区域下勾选"循环放映，按 ESC 键终止"复选按钮，如图 6-11 所示，单击"确定"按钮。

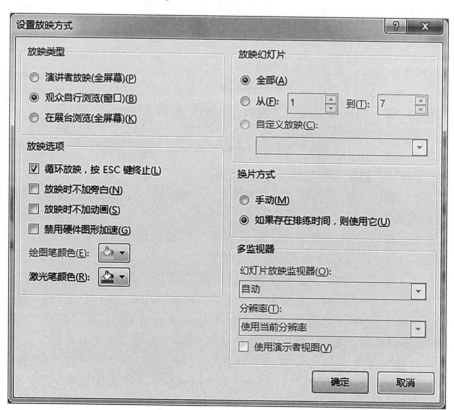

图 6-11　"设置放映方式"对话框

三、实验体验

在实验体验一已建立的"云计算简介 . pptx"演示文稿基础上，按下列要求完成设置。

（1）在标题幻灯片中，为图片及标题设定动画效果：单击后图片以"翻转式由远及近"方式进入，图片进入后 2 秒，标题以"浮入"方式进入。

（2）为第 2 张幻灯片中的每项内容插入超链接，单击时跳转到相应幻灯片。

（3）将第 5 张幻灯片的 SmartArt 动画设置为"进入–浮入"，效果选项为"下浮"，序列为"逐个级别"。

（4）将第 6 张幻灯片中的文字动画设置为"进入–形状"，图片动画设置为"进入–飞入"。

（5）设置全体幻灯片切换方式为"帘式"，如果不单击，则每隔 10 秒自动切换至下一张幻灯片。

（6）幻灯片放映方式设置为"观众自行浏览（窗口）"。

四、实验心得

实验三　演示文稿的综合应用

通过实验一和实验二的操作演示，已经可以做好一个基本演示文稿，但是观看放映后感觉还略微简单，不能把日常工作文档中的思想转换成演示文稿中的内容展现出来，于是从日常工作中的 Word 文档入手，通过演示文稿切换方式、背景音乐插入、图表的添加创建制作日常办公所需的专业演示文稿。

一、实验案例

市场部小王在某次会议开始前，希望在大屏幕投影上向与会者自动播放本次会议所传递的办公理念，根据教材素材包中"PPT 实验案例三素材"文件夹下的文件"PPT 素材 .pptx"，按照如下要求完成该演示文稿的制作。

（1）将演示文稿中第 1 张幻灯片的背景图片应用到第 2 张幻灯片。

（2）将第 2 张幻灯片中的"信息工作者""沟通""交付""报告""发现"5 段文字内容转换为"射线循环"SmartArt 布局，更改 SmartArt 的颜色，并设置该 SmartArt 样式为"强烈效果"。调整其大小，并将其放置在幻灯片的右侧位置。

（3）为上述 SmartArt 设置由幻灯片中心进行"缩放"的进入动画效果，并要求上一动画开始之后自动、逐个展示 SmartArt 中的文字。

（4）在第 5 张幻灯片中插入"饼图"图表，用以展示如下沟通方式所占的比例，为饼图添加类别名称和数据标签，调整其大小并放于幻灯片适当位置。设置该图表的动画效果为按类别逐个扇区上浮进入效果。

消息沟通 24%

会议沟通 36%

语音沟通 25%

企业社交 15%

（5）将素材文件夹中的"BackMusic. mid"声音文件作为该演示文档的背景音乐，并要求在幻灯片放映时即开始播放，至演示结束后停止。

（6）为了实现幻灯片在展台自动放映，设置每张幻灯片的自动放映时间为 10 秒。

（7）将演示文稿另存为"办公理念 . pptx"至 D 盘"files"文件夹下。

二、实验指导

下面就以上案例中涉及的知识点和实现步骤进行说明。

1. 主要知识点

本次实验主要包括以下知识点：

（1）幻灯片背景格式设置；

（2）文字转换成 SmartArt；

（3）幻灯片图表的插入；

（4）幻灯片音频的添加。

2. 实现步骤

1）幻灯片背景格式设置

（1）在第1张幻灯片中右击，在快捷菜单中选择"保存背景"命令，弹出"保存背景"对话框，将背景图片保存至本机的合适位置。

（2）将光标定位于第2张幻灯片中，在"设计"选项卡的"自定义"组中，单击"设置背景格式"按钮，幻灯片右侧出现"设置背景格式"窗格，在"填充"选项区域下点选"图片或纹理填充"单选按钮，"插入图片来自"选项区域下单击"文件"按钮，如图6-12所示，弹出"插入图片"对话框。在其中选择上一步骤中保存的图片，单击"打开"按钮，即可将刚才保存的第1张幻灯片的背景图片应用到第2张幻灯片。

2）文字转换成 SmartArt

（1）选中要转换成 SmartArt 的5段文字内容，在"开始"选项卡的"段落"组中，单击"转换为 SmartArt 图形"按钮，在下拉列表中选择"其他 SmartArt 图形"选项，弹出"选择 SmartArt 图形"对话框，在其中选择"循环"类型下的"射线循环"布局，如图6-13所示，单击"确定"按钮。

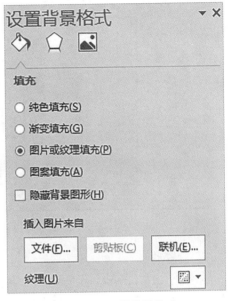

图6-12 设置背景格式

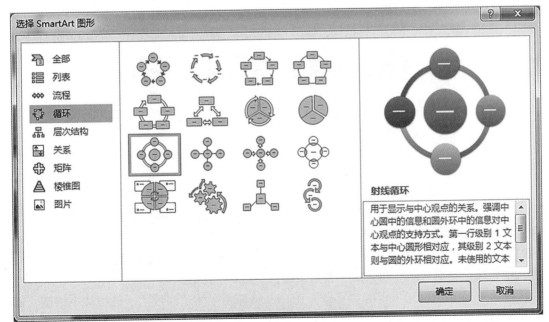

图6-13 选择 SmartArt 图形

（2）选中 SmartArt 图形，在"SmartArt 工具|设计"上下文选项卡的"SmartArt 样式"组中，单击"更改颜色"下拉按钮，在下拉列表中选择一个合适的颜色；在该组右边的样式库中选择"强烈效果"样式。

（3）通过拖动 SmartArt 边框控制柄的方法，适当放大 SmartArt，并将其放置在幻灯片的右侧位置。

完成效果如图 6-14 所示。

图 6-14　SmartArt 设置完成效果

3）设置动画

选中 SmartArt 图形，按实验二中学过的方法，在"添加动画"下拉列表中选择"进入"下的"缩放"选项，"效果选项"下拉列表中选择"序列"下的"逐个"选项。再次选中该 SmartArt 图形，在"计时"组中将"开始"设为"上一动画之后"。

4）插入图表

（1）将光标定位于第 5 张幻灯片，在"插入"选项卡的"插图"组中单击"图表"按钮，弹出"插入图表"对话框，选择"饼图"，单击"确定"按钮。此时会弹出 Excel 编辑界面，在其中输入要求中的数据信息，如图 6-15 所示，数据输入完成后，关闭 Excel 界面。

	A	B	C	D	E	F
1	列1	列2				
2	消息沟通	24%				
3	会议沟通	36%				
4	语音沟通	25%				
5	企业社交	15%				

图 6-15　图表数据编辑

（2）选中图表中的图例，按下〈Delete〉键，删除图例。在"图表工具|设计"上下文选项卡的"图表布局"组中，单击"添加图表元素"下拉按钮，在下拉列表中选择"数据标签"→"其他数据标签"选项，幻灯片右侧即出现"设置数据标签格式"窗格，在其中勾选"类别名称"和"值"复选按钮，如图 6-16 所示。

（3）在"开始"选项卡的"字体"组中，将标签字体适当放大。选中整个饼图，通过拖动边框控制柄的方式调整饼图大小，并拖放至合适的位置，效果如图 6-17 所示。

图 6-16　"设置数据标签格式"界面

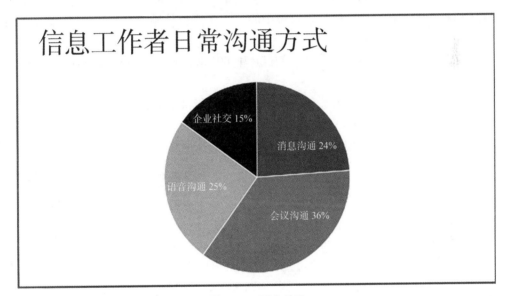

图 6-17　图表效果

（4）选中整个饼图，"添加动画"设置为"进入"下的"浮入"，"效果选项"中"方向"设置为"上浮"，"序列"设置为"按类别"。

5）音频设置

（1）将光标定位于第 1 张幻灯片，在"插入"选项卡的"媒体"组中，单击"音频"下拉按钮，在下拉列表中选择"PC 上的音频"选项，弹出"插入音频"对话框，在其中找到素材中提供的声音文件"BackMusic. mid"，单击"插入"按钮。此时幻灯片中会出现音频图标 ◀。

（2）在"音频工具|播放"上下文选项卡的"音频选项"组中，将"开始"设置为"自动"，勾选"跨幻灯片播放"与"循环播放，直到停止"复选按钮，如图 6-18 所示。

图 6-18　音频播放设置

若想在放映时隐藏音频图标，则可在图 6-18 中勾选"放映时隐藏"复选按钮。

6）放映设置

在"幻灯片"窗格中，按住〈Shift〉键选中所有幻灯片，在"切换"选项卡的"计时"组中，勾选"换片方式"下的"设置自动换片时间"复选按钮，并将该时间设为"00:10.00"（代表 10 秒），按下〈Enter〉键表示设置完成。

在"幻灯片放映"选项卡的"设置"组中，单击"设置幻灯片放映"按钮，弹出"设置放映方式"对话框，在"放映类型"下点选"在展台浏览（全屏幕）"单选按钮，单击"确定"按钮。

7）保存文件

将演示文稿另存为"办公理念.pptx"至 D 盘"files"文件夹下。

三、实验体验

公司计划在"创新产品展示及说明会"会议茶歇期间，在大屏幕投影上向与会者自动播放会议的日程和主题，根据教材素材包中的"PPT 实验体验三素材.pptx"文件，按照如下要求完成该演示文稿的制作。

（1）由于文字内容较多，将第 7 张幻灯片中的内容区域文字自动拆分为 2 张幻灯片进行展示。

（2）为了布局美观，将第 6 张幻灯片中的内容区域文字转换为"水平项目符号列表"SmartArt 布局，并设置该 SmartArt 样式为"中等效果"。

（3）在第 5 张幻灯片中插入一个标准折线图，并按照如下数据信息调整图表内容。

	笔记本电脑	平板电脑	智能手机
2018 年	7.6	1.4	1.0
2019 年	6.1	1.7	2.2
2020 年	5.3	2.1	2.6
2021 年	4.5	2.5	3.0
2022 年	2.9	3.2	3.9

（4）为该折线图设置"擦除"进入动画效果，效果选项为"自左侧"，按照"系列"逐次单击显示"笔记本电脑""平板电脑"和"智能手机"的使用趋势。最终，仅在该幻灯片中保留这 3 个系列的动画效果。

（5）为演示文档中的所有幻灯片设置不同的切换效果。

（6）为了实现幻灯片可以自动放映，设置每张幻灯片的自动放映时间不少于 2 秒。

四、实验心得

自测题

一、单项选择题（每题 2 分，共 50 分）

1. 在 PowerPoint 2016 中，新建演示文稿已选定"丝状"设计主题，在文稿中插入一个新幻灯片时，新幻灯片将（　　）。

A. 采用默认设计主题　　　　　　　　B. 采用已选定的设计主题

C. 随机选择任意设计主题　　　　　　D. 采用用户制订的另外设计主题

2. 在 PowerPoint 2016 中，单击"文件"按钮，选择其中的"新建"命令是（　　）。

A. 打开一个新的模板文件　　　　　　B. 打开一个选项卡

C. 插入一张新的幻灯片　　　　　　　D. 打开一个新的对话框

3. 在 PowerPoint 2016 中，将某张幻灯片版式更改为"标题和内容"，应选择的选项卡是（　　）。

A."设计"　　　　B."视图"　　　　C."开始"　　　　D."插入"

4. 在 PowerPoint 2016 中，备注视图中的注释信息在文稿放映时（　　）。

A. 会显示　　　　B. 不会显示　　　　C. 显示一部分　　　　D. 显示标题

5. 在幻灯片浏览视图中要选定多张幻灯片时，先按住（　　）键，再逐个单击要选定的幻灯片。

A.〈Ctrl〉　　　　B.〈Enter〉　　　　C.〈Shift〉　　　　D.〈Alt〉

6. 在 PowerPoint 2016 中，插入的幻灯片总是插在当前幻灯片（　　）。

A. 备注中　　　　B. 之前　　　　C. 标题栏中　　　　D. 之后

7. 在 PowerPoint 2016 提供的各种视图模式中，全屏幕显示幻灯片的是（　　）。

A. 大纲视图　　　B. 幻灯片浏览视图　C. 幻灯片视图　　　D. 幻灯片放映视图

8. 为了使一份演示文稿的所有幻灯片中具有公共的对象，则应使用（　　）。

A. 自动版式　　　　B. 母版　　　　C. 备注幻灯片　　　　D. 大纲视图

9. 在 PowerPoint 2016 中，打上隐藏符号的幻灯片，（　　）。

A. 播放时肯定不显示　　　　　　　　B. 可以在任何视图方式下编辑

C. 播放时可能会显示　　　　　　　　D. 不能编辑

10. 在 PowerPoint 2016 中，若要对插入的表格格式进行设置，则应选择"表格工具"下的（　　）选项卡中的命令。

A."设计"　　　　B."格式"　　　　C."视图"　　　　D."布局"

11. 在幻灯片中以下（　　）不是合法的"打印内容"选项。

A. 幻灯片　　　　B. 备注页　　　　C. 讲义　　　　D. 幻灯片浏览

12. 若想设置打印讲义稿中的每页幻灯片数，则可更改（　　）。

A. 幻灯片母版　　　　　　　　　　　B. 讲义母版

C. 标题母版　　　　　　　　　　　　D. 打印选项卡中的设置参数

13. 在 PowerPoint 2016 中，在（　　　）视图中，用户可以看到页面变成上、下两半，上面是幻灯片，下面是文本框，可以记录演讲者讲演时所需的一些提示重点。

A. 备注页　　　　　B. 浏览　　　　　C. 放映　　　　　D. 黑白

14. 如果要终止幻灯片的放映，可以直接按（　　）键。

A.〈Alt+F4〉　　　B.〈Ctrl+X〉　　　C.〈Esc〉　　　　D.〈End〉

15. 如果要设置从一张幻灯片"擦除"切换到下一张幻灯片，则应使用（　　　）命令来进行设置。

A. 动作设置　　　　B. 预设动画　　　C. 幻灯片切换　　D. 自定义动画

16. 在 PowerPoint 2016 中，有关幻灯片母版中的页眉和页脚，下列说法错误的是（　　　）。

A. 页眉或页脚是加在演示文稿中的注释性内容

B. 典型的页眉/页脚内容是日期、时间及幻灯片编号

C. 在打印演示文稿的幻灯片时，页眉/页脚的内容也可打印出来

D. 不能设置页眉和页脚的文本格式及调整位置

17. 在交易会上进行广告演示文稿的放映时，应该选择（　　）方式。

A. 演讲者放映　　　B. 观众自行放映　　C. 循环放映　　　D. 在展台浏览

18. 在设置幻灯片自动切换之前，应该事先进行演示文稿（　　　）设置。

A. 自动播放　　　　B. 排练计时　　　C. 打印输出　　　D. 打包

19. 若想对幻灯片设置不同的颜色、阴影、图案或纹理的背景，可使用（　　　）选项卡的背景设置。

A."视图"　　　　　B."设计"　　　　C."幻灯片放映"　　D."开始"

20. 在 PowerPoint 2016 中，通过设置（　　　）选项可以改变幻灯片的布局。

A. 字体　　　　　　　　　　　　　　B. 幻灯片版式

C. 幻灯片配色方案　　　　　　　　　D. 背景

21. 在 PowerPoint 2016 的幻灯片浏览视图下，不能完成的操作是（　　　）。

A. 调整个别幻灯片的位置　　　　　　B. 删除个别幻灯片

C. 编辑个别幻灯片中填入的内容　　　D. 复制个别幻灯片

22. 在 PowerPoint 2016 中，关于自定义动画，下列说法正确的是（　　　）。

A. 可以调整顺序　　　　　　　　　　B. 可以调整速度

C. 可以设置动画效果　　　　　　　　D. 以上都正确

23. 如果需要在一个演示文稿的每页幻灯片左下角相同位置插入学校的校徽图片，则最优的操作方法是（　　　）。

A. 打开幻灯片母版视图，将校徽图片插入母版中

B. 打开幻灯片普通视图，将校徽图片插入幻灯片中

C. 打开幻灯片放映视图，将校徽图片插入幻灯片中

D. 打开幻灯片浏览视图，将校徽图片插入幻灯片中

24. 如需将 PowerPoint 2016 演示文稿中的 SmartArt 图形列表内容通过动画效果一次性展现出来，则最优的操作方法是（　　　）。

A. 将 SmartArt 动画效果设置为"整批发送"

B. 将 SmartArt 动画效果设置为"一次按级别"

C. 将 SmartArt 动画效果设置为"逐个按分支"

D. 将 SmartArt 动画效果设置为"逐个按级别"

25. 小江在制作公司产品介绍的 PowerPoint 2016 演示文稿时，希望每类产品可以通过不同的演示主题进行展示，最优的操作方法是（   ）。

A. 为每类产品分别制作演示文稿，每份演示文稿均应用不同的主题

B. 为每类产品分别制作演示文稿，每份演示文稿均应用不同的主题，然后将这些演示文稿合并为一

C. 在演示文稿中选中每类产品所包含的所有幻灯片，分别为其应用不同的主题

D. 通过 PowerPoint 2016 中"主题分布"功能，直接应用不同的主题

二、填空题（每题 2.5 分，共 25 分）

1. 在_____视图下可对幻灯片进行插入、编辑对象的操作。

2. PowerPoint 2016 的母版有_____种类型。

3. PowerPoint 2016 的_____功能可实现幻灯片之间的跳转。

4. PowerPoint 2016 演示文稿有_____种放映类型。

5. 在调整幻灯片顺序时，通过_____视图进行调整最方便快捷。

6. 幻灯片中_____的作用是为文本、图形预留位置。

7. 在 PowerPoint 2016 中创建表格时，其方法一般为在_____选项卡的_____组中进行操作。

8. 在 PowerPoint 2016 中，动作设置命令中包含_____和"鼠标移过"2 个选项卡。

9. 在 PowerPoint 2016 中，文本框有_____和_____2 种类型。

10. 在 PowerPoint 2016 浏览视图下，按住〈Ctrl〉键拖动某张幻灯片，可以完成_____操作。

三、判断题（每题 2.5 分，共 25 分，正确的打"√"，错误的打"×"）

（   ）1. 在 PowerPoint 2016 中，幻灯片应用模板一旦选定，就不能改变。

（   ）2. 在 PowerPoint 2016 中，母版可以预先定义前景颜色、文本颜色、字体大小等。

（   ）3. 在 PowerPoint 2016 中，备注页视图为幻灯片录入备注信息。

（   ）4. PowerPoint 2016 通过单击可以选中一个对象，但却不能同时选中多个对象。

（   ）5. 在 PowerPoint 2016 中，超链接用户可以从演示文稿中的某个位置直接跳转到演示文稿中的另一个位置或其他演示文稿或公司 Internet 地址。

（   ）6. 在 PowerPoint 2016 中，只能使用鼠标控制演示文稿的播放，不能使用键盘控制播放。

（   ）7. 在幻灯片中插入声音指播放幻灯片的过程中一直有该声音出现。

（   ）8. 在 PowerPoint 2016 中，设置幻灯片的"水平百叶窗""盒状展开"等切换效果时，不能设置切换的速度。

（   ）9. 播放演示文稿时，按〈Esc〉键可以停止播放。

（   ）10. 在 PowerPoint 2016 中，占位符和文本框一样，也是一种可插入的对象。

第七章
计算机多媒体技术

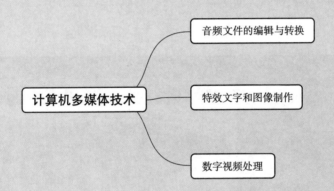

计算机多媒体技术

- 音频文件的编辑与转换
- 特效文字和图像制作
- 数字视频处理

实验一　音频文件的编辑与转换

> 通过音频文件的编辑与转换实验，初步了解音频处理软件 Adobe Audition 的使用方法，以便逐步掌握该软件的其他功能和音频的采集、编辑与转换操作技能。

一、实验案例

从网上搜索、下载、安装和启动音频处理软件 Adobe Audition，完成下列实验。

（1）打开一个音频文件，如"The Posies-I Guess You're Right. mp3"。

（2）复制该音频文件中 1 分钟的双声道音频；新建一个音频文件，粘贴、保存为"m1. wav"。

（3）切换到音频文件"The Posies-I Guess You're Right. mp3"，将其保存（转换）为"m2. wav"。

（4）将原音频文件保存（转换）为"m3. ogg"。

（5）比较扩展名为 . wav、. mp3 和 . ogg 文件的属性和播放效果。

实验结果如图 7-1 所示。

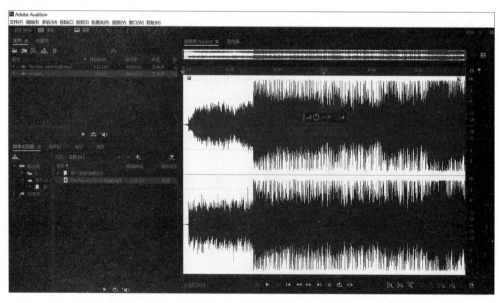

图 7-1　实验结果

二、实验指导

下面就以上案例中涉及的知识点和实现步骤进行说明。

1. 主要知识点

本次实验主要包括以下知识点：

（1）音频处理软件；

（2）音频文件、音轨及其编辑；

（3）音频文件格式及其转换。

2. 实现步骤

（1）从网上搜索和下载音频处理软件 Adobe Audition；在下载之后，解压缩；运行 setup.exe 安装程序，启动该软件。

（2）打开一个音频文件，如 "The Posies-I Guess You're Right.mp3"，如图 7-2 所示；单击"播放"按钮，即可播放，并在工作区显示其双音轨波形，默认为"编辑双声道"。若单击"编辑"→"启用声道"，则可选择"左侧"或"右侧"。

图 7-2　音频文件的双音轨波形

（3）单击"播放"按钮，或者移动指针至 40 秒处，单击"从指针处播放至文件结尾"，如图 7-3 所示。

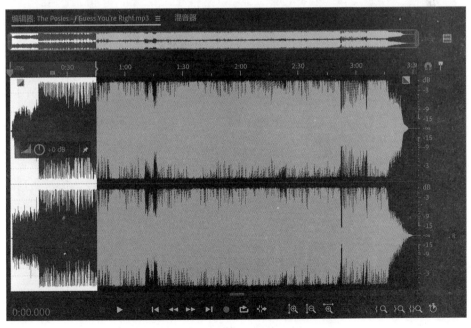

图 7-3　播放

（4）在波形内，右击，在快捷菜单中选择"选择当前视图时间"命令。这时，指针会一分为二，分别指向开始和结束位置，以包括选择的整个波形，被选择部分以深色显示，如图7-4所示。

图7-4　选择整个波形

（5）左指针不动，用鼠标将右指针拖到（前移至）1分钟处，以便复制前1分钟的音频，如图7-5所示。在所选择的波形内，右击，在快捷菜单中选择"复制"命令。

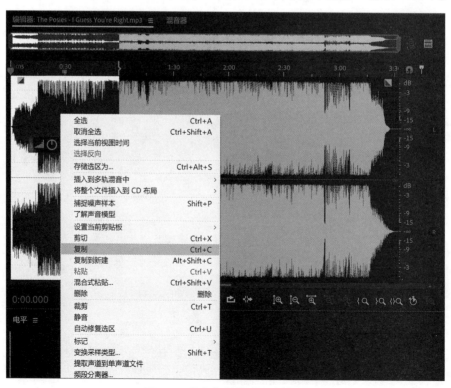

图7-5　将右指针拖到1分钟处

（6）单击"文件"→"新建"→"音频文件"，再单击"编辑"→"粘贴"，结果如图 7-6 所示，将 1 分钟的音频复制到了新建的音频文件"未命名 1*"中。此时，1分钟音频的波形显示就要松散一些。

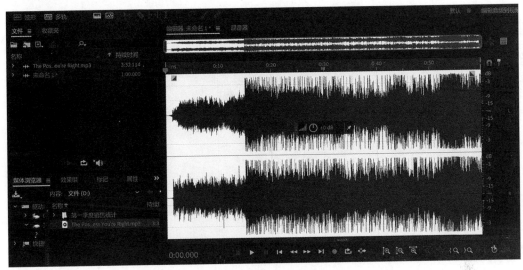

图 7-6　新建的音频文件"未命名 1*"

（7）单击"文件"→"另存为"，将"未命名 1*"修改为"m1"，选择"保存类型"为 .wav，单击"确定"按钮，以便可以用 mp3 播放，如图 7-7 所示。

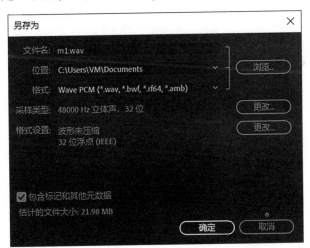

图 7-7　"另存为"对话框

（8）选择原音频文件，即"The Posies-I Guess You're Right. mp3"，按第（6）步的操作，将其转换为 .wav 和 .ogg 文件：m2. wav 和 m3. ogg。

三、实验体验

从网上搜索、下载、安装和启动音频处理软件 Adobe Audition，进行下列实验：
（1）打开一个音频文件，或者用麦克风录音建立一个音频文件；
（2）剪切其中不需要的音频，保存为另一个音频文件"n1. mp3"；

（3）将"n1. mp3"转换成另一种格式的音频文件，如"n2. wav"；

（4）播放。

要求如下：

（1）搜索、下载、安装和启动音频处理软件 Adobe Audition。

（2）掌握声音的获取、编辑、压缩和转换等音频处理技术。

四、实验心得

实验二 特效文字和图像制作

通过特效文字和图像制作实验，运用图形和图像的基本知识，初步了解 Adobe Photoshop 的文字、图形和图像处理功能和基本操作技能。

一、实验案例

安装和使用 Adobe Photoshop，完成下列实验。

（1）新建一个图像文件。通过文字工具和图层，输入文字"特效文字"，设置图层样式，产生投影、内发光、颜色叠加、斜面和浮雕的特效文字，如图 7-8 所示。

图 7-8 特效文字

（2）打开一个图像文件，如 Windows 的 Web 墙纸图片"img1.jpg"。通过抠图，抽出图像中的某一部分——山石，如图 7-9 所示。

图 7-9 抠图

二、实验指导

用 Adobe Photoshop 制作的一幅图像，可以想象成是由若干张包含有图像各个不同部分的不同透明度的版面，叠加而成的，每个"版面"可称为一个"图层"。由于每个图层以及图层中的内容都是独立的，因此在不同的层中进行设计或修改等操作不影响其他层。利用"图层"面板可以方便地控制图层的增加、删除、显示和顺序关系。下面就以上案例中涉的知识点和实现步骤进行说明。

1. 主要知识点

本次实验主要包括以下知识点：

（1）新建或打开图形和图像文件；

（2）图形和图像文件格式；

（3）文字工具和特效文字；

（4）图层及其样式设置；

（5）抠图技巧。

2. 实现步骤

1）新建"特效文字"

（1）启动 Adobe Photoshop，单击"新建"按钮，出现"新建文档"对话框，选择"自定"，如图 7-10 所示。输入宽度"800"、高度"600"，单击"创建"按钮。

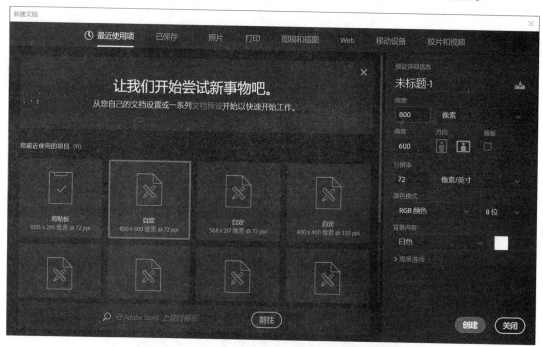

图 7-10 "新建文档"对话框

（2）选择工具箱中的"横排文字工具"，如图 7-11 所示。

（3）在图像工作窗口中，单击要输入文字的位置，输入文字"特效文字"；在工作区域右上角"字符"面板中，设置文字的大小为"72"、字体为"华文新魏"，如图 7-12 所示。若单击工具箱中的第 2 个工具

图 7-11 横排文字工具

"移动工具"，则可解除当前选择的"横排文字工具"，并且可以指向"特效文字"，将它移动到理想的位置。

注意：在操作某个图层之前，先在"图层"面板里选定它，使它成为当前图层。

（4）如图 7-13 所示，选择"图层"面板的"特效文字"图层，右击，在快捷菜单中

选择"混合选项"命令，打开"图层样式"对话框，设置文字的特效。

图7-12 输入文字并且放大

图7-13 选择"混合选项"命令

147

（5）在"图层样式"对话框中，选择和设置"投影"样式，如图 7-14 所示。

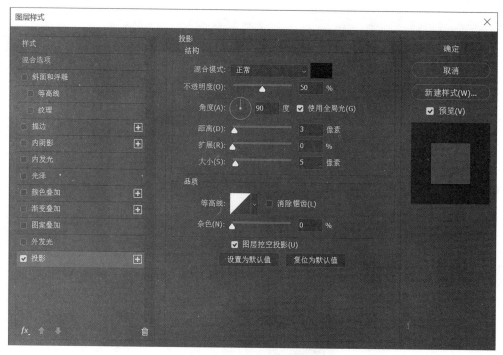

图 7-14　选择和设置"投影"样式

（6）选择和设置"内发光"样式，并且可以选择"杂色"下面的颜色方块，设置文字内发光的颜色，如图 7-15 所示。

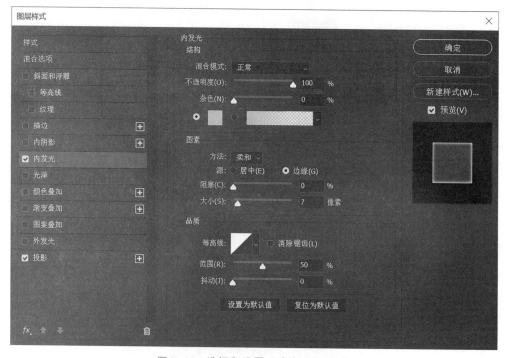

图 7-15　选择和设置"内发光"样式

（7）选择和设置"斜面和浮雕"样式，如图7-16所示。

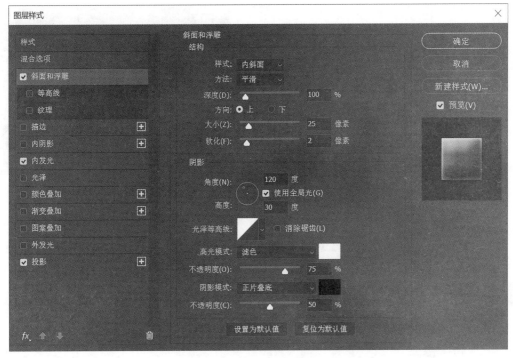

图 7-16　选择和设置"斜面和浮雕"样式

（8）选择和设置"颜色叠加"样式，如图7-17所示。

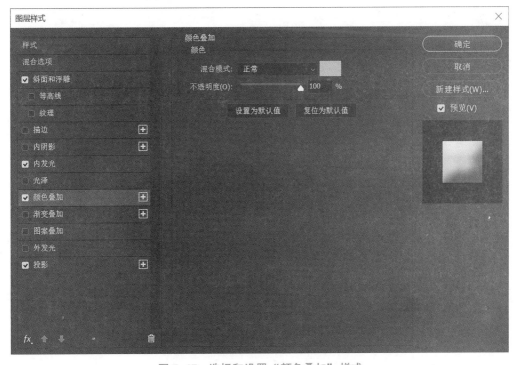

图 7-17　选择和设置"颜色叠加"样式

（9）单击"确定"按钮，效果如图 7-18 所示。

图 7-18　"特效文字"及其图层样式设置完毕

（10）单击"文件"→"存储为"弹出"另存为"对话框，如图 7-19 所示，输入文件名，如"hi"，选择理想的保存类型，如 .PSD、.GIF 或 .JPG 等，单击"保存"按钮。

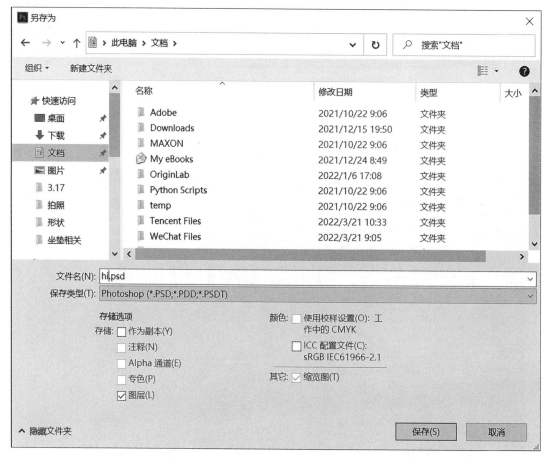

图 7-19　"另存为"对话框

2）抠图

Adobe Photoshop 本身带有的许多功能和工具都可以用来抠图,如"选框""魔棒""套索""路径""通道"或"蒙版"等都可以用来抠图。

选框:顾名思义,就是为要选择的那部分图,建立规则形状的选区,如矩形、椭圆等。

魔棒:按所选择的颜色自动建立选区,适合于背景颜色较单一的图像。

套索:手动勾画选区。其中磁性套索比较好用,适用于抠取颜色反差大、边缘明显的图像。

路径:以矢量图形勾画和转换成选区。其选区经得起放大缩小,边缘保持光滑。

通道:通道的基本功能并不完全是为了抠图,但用来抠图非常有效,特别是抠取头发、羽毛等细小物件。它是中级以上最普遍的抠图方式,需要有其他方面的基本功能配合建立选区。

蒙版:可用蒙版,遮住图像中不显示的部分进行抠图。这种方式不会破坏原图,只是遮挡。在使用时往往先建立选区,用于"添加图层蒙版",然后可用画笔进行修改。

开始抠图时有两个设置要先调整好,一个是"羽化",另一个是"消除锯齿"。

"羽化"就是选区边缘的虚化,使抠出来的图像边缘不那么生硬。这个值设得越大,虚化范围也就越大,当然也可以设成 0 或 1,应根据实际需要设置。对于"消除锯齿",勾选其复选按钮即可。

下面介绍如何用魔棒类的"快速选择工具"实现抠图。

（1）在 C:\Windows\Web\Wallpaper\Theme1 下打开一个图像文件,如墙纸图片"img1.jpg",如图 7-20 所示。

图 7-20　打开的 Web 墙纸图片"img1.jpg"

（2）单击魔棒类的"快速选择工具",如图 7-21 所示。

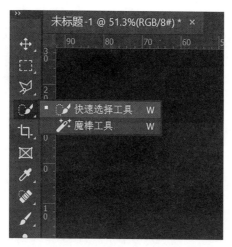

图 7-21 魔棒类的"快速选择工具"

（3）在该图像中，由于天空和草地颜色较单一，因此可按住鼠标左键，在石头之外拖动，即选择天空、人物及海水，如图 7-22 所示。

图 7-22 绘制选区

在操作中，若使用键盘上的方括号键〈［〉或〈］〉，则减小/增大笔头。

若使用软件窗口第 2 行（工具选项栏）的"+"或"-"笔头按钮，则将图片中的内容添加到选区或从选区中删去。

若按下〈Ctrl+D〉键，则删除选区；若使用"编辑"菜单或"历史记录"面板，则可进行撤销或重做操作。

（4）选择"选择"菜单里的"反向"命令，即得山石选区，如图7-23所示。

图7-23　山石选区

（5）选择"编辑"菜单里的"拷贝"命令，或者使用工具箱中的"移动工具"，可"粘贴"或拖动山石图片到另一幅打开的图像中，从而合成一张新的图片，如图7-24所示。单击"文件"→"存储为"，将图片另存为一个图像文件，如 .jpeg。

图7-24　"粘贴"或拖动山石图片到别的图像中

三、实验体验

在 Adobe Photoshop 中完成以下实验。

（1）打开第 1 个图像文件，如 Windows 的 Web 墙纸图片"img8. jpg"（鲜花），抠出其中的一部分，如"鲜花"；打开第 2 个图像文件，如 Windows 的 Web 墙纸图片"img7. jpg"，将抠出的部分移动即复制到第 2 个图像文件的适当位置，如图 7-25 所示。

图 7-25　将抠出的一部分（鲜花）移动到另一幅图像上

（2）适当变换"鲜花"的大小；在已合成的图片右上角或右下角加上文字，如"腾飞桂林"；保存为 .PSD 和 .GIF 文件。

. PSD 文件包括图像的所有编辑信息，可再次继续编辑；.GIF 文件是一张合成的图像。

要求如下：

（1）从 Adobe Photoshop 的基本应用入手，逐步熟悉其他功能和技术；

（2）将一张图像中的精彩部分抠出，合成到另一张图像中；

（3）对于图像里的文字，设置投影、内发光、颜色叠加、斜面或浮雕等特效。

四、实验心得

实验三 数字视频处理

通过数字视频处理实验，了解如何用 Adobe Premiere Pro 导入图片、视频文件和音频文件，获取 DV 数字视频，对视频文件进行编辑，在图片之间加上过渡效果，加上片头和片尾，加上音乐，发布到"此电脑"，保存为电影并播放。

一、实验案例

用 Adobe Premiere Pro 导入一组图片（如 Windows 的墙纸）和一个音频文件，在图片之间加上过渡效果，加上音乐，发布到"此电脑"，如图 7-26 所示。

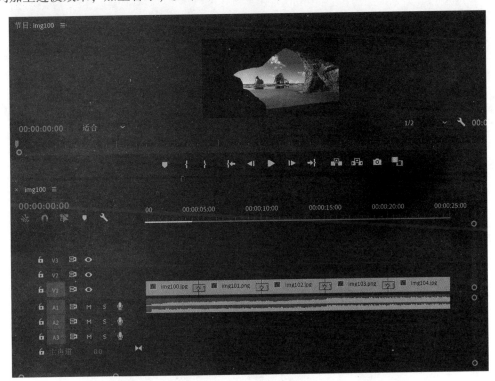

图 7-26 对一组图片加上过渡效果和音乐制作成电影

二、实验指导

下面就以上案例中涉及的知识点和实现步骤进行说明。

1. 主要知识点

本次实验主要包括以下知识点：

（1）图片、视频和音频及其文件格式；

（2）图片、视频和音频的导入与编辑；

（3）对图片或视频加上特效、片头、片尾，配乐，制作成电影。

2. 实现步骤

（1）启动 Adobe Premiere Pro，其主窗口如图 7-27 所示。

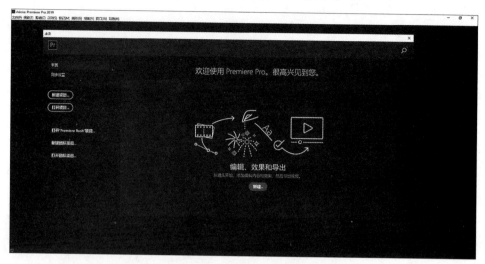

图 7-27　Adobe Premiere Pro 的主窗口

（2）单击 Adobe Premiere Pro 的主窗口左边的"新建项目"，弹出"新建项目"对话框，项目名称命名为"Video"，如图 7-28 所示，单击"确定"按钮。

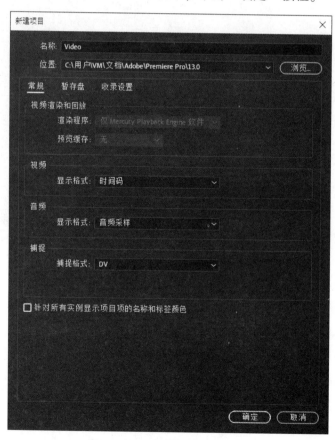

图 7-28　"新建项目"对话框

（3）切换至 Adobe Premiere Pro 的主窗口上方的"编辑"选项卡，双击左下方"导入媒体以开始"，找到实验所需素材，如图 7-29 所示。

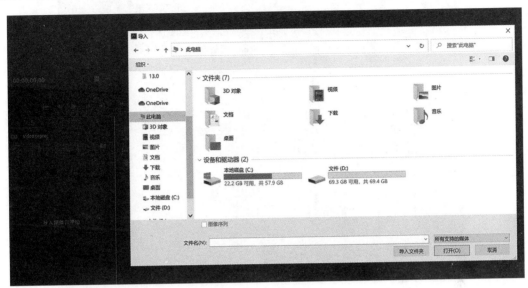

图 7-29　图片被导入 Adobe Premiere Pro 的主窗口中

（4）将左下角的图片素材拖动到右侧的时间轴中，如图 7-30 所示。

图 7-30　图片被拖到时间轴中

（5）切换至 Adobe Premiere Pro 的主窗口上方的"效果"选项卡，在右侧会出现可以设置的效果类型，找到"视频过度"→"滑像"→"交叉滑像"，将其拖到下边第 1 张和第 2 张图片之间，即可添加第 1 张和第 2 张图片之间的过渡效果。

以此类推，逐一添加每两张图片之间的过渡效果，如图 7-31 所示。在播放时，可以看到两张图片之间的过渡效果。还可在图片上添加其他效果。

（6）单击 Adobe Premiere Pro 的主窗口左上角的"文件"→"导入"，如图 7-32 所示。

图 7-31 添加每两张图片之间的过渡效果

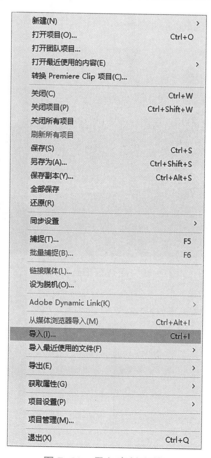

图 7-32 导入素材文件

（7）选择导入的背景音乐"The Posies-I Guess You're Right"，单击"打开"按钮，如图 7-33 所示。

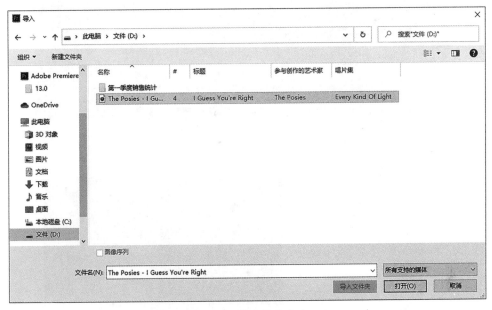

图 7-33 输入片头文本

（8）将音乐素材用鼠标拖动到右侧时间轴中图片素材的下方，即可为视频添加背景音乐，如图 7-34 所示。

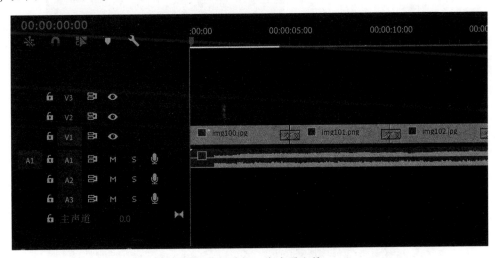

图 7-34 选择一个音乐文件

（9）音乐文件的时间长度比图片文件的时间长度要长些，可按住〈Alt〉键后，滚动鼠标滚轮将时间轴缩小，随后通过鼠标拖动时间轴中音频文件的最右侧，将最右侧的时间轴与上方图片的时间轴对齐，如图 7-35 所示。

（10）在特效与背景音乐设置完成后，可通过单击 Adobe Premiere Pro 左上角的"文件"→"导出"→"媒体"，设置视频导出的格式与文件位置，如图 7-36 所示。

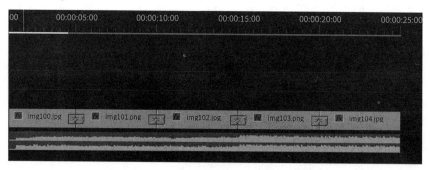

图 7-35 使音频/音乐与视频的长度相同

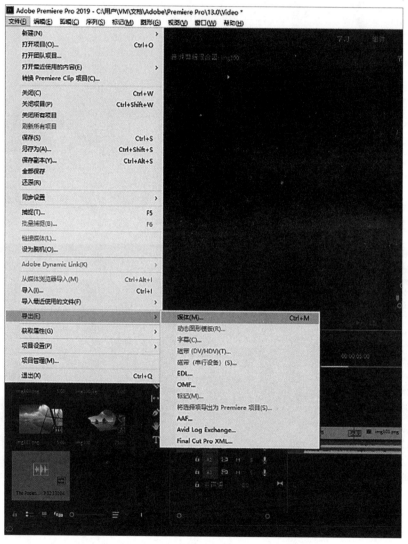

图 7-36 设置视频导出的格式与文件位置

（11）如图 7-37 所示，可以设置视频导出的格式和文件位置，单击下方"导出"按钮即可将视频导出至指定位置。

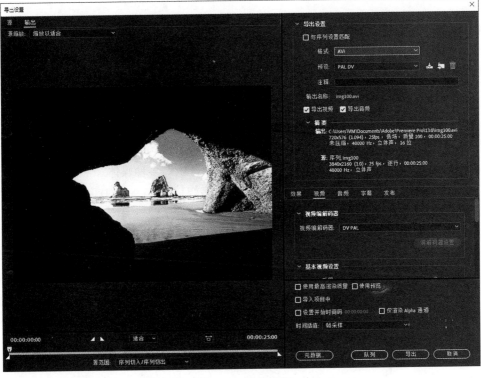

图 7-37 导出视频

三、实验体验

用 Adobe Premiere Pro 导入一组图片文件和一个音频文件，对视频文件进行编辑，加上音乐，发布到"此电脑"，保存为一个电影并播放。要求如下：

（1）用 Adobe Premiere Pro 导入一组现有的图片文件；

（2）用 Adobe Premiere Pro 导入一个现有的音频文件；

（3）为视频添加音乐或视频特效，加上音乐，发布到"此电脑"，保存为一个电影并播放。

四、实验心得

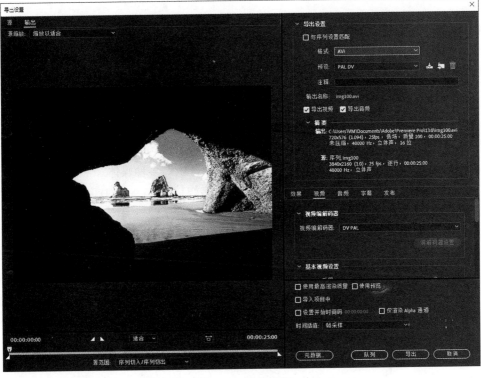

自测题

一、单项选择题（每题 2.5 分，共 25 分）

1. （　　）在计算机领域有两种含义：媒质和媒介。
   A. 多媒体　　　　　B. 媒体　　　　　　C. 主机　　　　　　D. 外设
2. （　　）集成了文字、图像、动画、影视、音乐等多种媒体。
   A. 视频　　　　　　B. 音频　　　　　　C. 多媒体　　　　　D. 图形
3. （　　）信息使计算机具有表现、处理和存储多种媒体信息的综合能力和交互能力。
   A. 媒体　　　　　　B. 媒质　　　　　　C. 模拟　　　　　　D. 数字化
4. （　　）将文字、声音、图形、图像、视频、动画等媒体集成进入计算机中。
   A. 文档　　　　　　B. 图片　　　　　　C. 数据库　　　　　D. 计算机多媒体技术
5. 以下不属于国际电信联盟划分为媒体的是（　　）。
   A. 感觉媒体　　　　B. 显示媒体　　　　C. 传输媒体　　　　D. 声音媒体
6. （　　）由若干个像素组成。
   A. 位图　　　　　　B. 矢量图　　　　　C. 向量图　　　　　D. 图形
7. （　　）可对 WAVE 文件进行有损压缩。
   A. MP1　　　　　　B. MP1　　　　　　C. MP3　　　　　　D. MP4
8. BMP 格式文件的色彩深度具有 1 位、4 位、（　　）及 24 位。
   A. 5　　　　　　　B. 16　　　　　　　C. 8　　　　　　　D. 10
9. 色彩深度确定彩色图像的每个（　　）可能有的颜色数。
   A. 屏幕　　　　　　B. 图像　　　　　　C. 色彩　　　　　　D. 像素
10. 两个（　　）之间的动画可以由软件来创建，称为过渡帧或者中间帧。
    A. 文字　　　　　　B. 像素　　　　　　C. 关键帧　　　　　D. 图形

二、填空题（每题 2.5 分，共 25 分）

1. _____是存储信息的实体，如磁盘、光盘、磁带、半导体存储器等。
2. 媒介是传递信息的_____。
3. 与传统媒体相比，多媒体有几个突出的特点：_____。
4. _____是一种能对多媒体信息进行获取、编辑、存取、处理和输出的计算机系统。
5. _____是一串稀疏稠密交替变化的波。
6. 单一频率的声波可用一条_____表示。
7. _____是指由外部轮廓线条构成的几何图形。
8. 传统的绘画、照片、录像带或印刷品等称为_____图像。
9. 播放_____时，视频信号被转变为帧信息，并以每秒约 30 帧的速度投影到显示器上，使人眼认为它是连续不断地运动着的。

10. _____ 技术应用计算机技术将各种媒体资源以数字化的组织形式集合在一起。

三、判断题（每题 2.5 分，共 25 分，正确的打"√"，错误的打"×"）

（　　）1. 直接作用于人的感官，产生视、听、嗅、味或触觉的媒体称为表示媒体。

（　　）2. 传输媒体是指传输信号的物理载体。

（　　）3. 图形也称为向量图或位图。

（　　）4. 图像是指由许多点阵构成的点阵图，也称为位图或光栅图。

（　　）5. WAV 格式用来保存一些没有压缩的音频。

（　　）6. 图形和图像在一定的条件下是可以转化的。

（　　）7. 流式文件格式不适合在网络环境中边下载、边播放。

（　　）8. 流媒体播放系统有 Real System 系统和 Quick Time 系统等。

（　　）9. 多媒体网络可以实现计算机通信和多媒体信息共享。

（　　）10. 目前，声音和视频点播应用已经完全直接集成到 Web 浏览器中。

四、简答题（每题 5 分，共 25 分）

1. 什么是多媒体？

2. 图形和图像有什么不同？

3. 二维动画和三维动画有什么不同？

4. 音频和视频有什么不同？

5. 多媒体系统中有哪几种基本元素？

参 考 文 献

［1］张帆，赵莉，谭玲丽. 计算机基础［M］. 北京：北京理工大学出版社，2021.

［2］朱维. 新手学电脑（Windows 10 + Office 2016 版）［M］. 北京：电子工业出版社，2017.

［3］刘强. 办公自动化高级应用案例教程（Office 2016）［M］. 北京：电子工业出版社，2018.